生きものたちの眠りの国へ

森　由民 著　関口雄祐 監修

緑書房

目次

第5章 これは眠りではない——閉じこめ症候群から冬眠まで

はじめに

眠りへの招待状

「眠りがなかなか訪れてこないのは
本人が眠ることを拒否しているからだ
眠りは
優しい母と美しい姉と
が、一体になったものだから
なかなか僕の寝室には
恥ずかしくってきてもらえないのだ」
（中井英夫『眠り』）

小説家・中井英夫のこの詩は死の迫る中（１９９３年、71歳没）、いささか心の平安を欠き、お酒の量も増えていた中井が、おそらくは不眠や眠りの浅さに悩みながら、ふと心に浮かべたもののようです。身のまわりの世話をしていた助手に書き留めさせたのですが、これが中井の絶筆（最後の作品）になりました。アルコールが睡眠ひいては長期的な健康に与える好ましくない影響については、この本の第5章でもお話ししますが、まずはひととき、中井が眠りに託したものに寄り添ってみたいと思います。

そうやって、もう一度ていねいに読み返してみると、この詩にはわたしたちが筋道立てて、睡眠について考えてみようとする場合にも、いろいろなヒントがあるように思われます。中井は「眠ることを拒否している」と語っていますが、それは眠りを嫌っているからではなく、むしろ眠りはあまりに甘く美しくて、いまの自分が身を委ねるには恥ずかしいから眠れないのだと読めます。そして、そういう眠りの世界は「優しい母と美しい姉」、つまりは大切な思い出（記憶）からできているのだと詠っています。それはまずは夢についての語りでしょうが、さらには眠り全体の安らぎにつながる感想であるとも思われます。

人の意識は脳に宿っていると考えられます。その具体的内容は外の世界とのやりとり（経験）から生じているわけですが、同時にどんな外界からの刺激も脳の中で、人それぞれに加工されながら認識されていると言えるでしょう。中井英夫は、稀代の短篇幻想小説の書き手と称されました。その作風はSFやファンタジーとは異質と言ってよく、細かく綴られる日常がいつの間にか確かさを失っていくような独特の小説です。そんな彼の文学の核となっている幻想もまた、彼の脳髄が外界との関わりの中で、しかし、単にまわりになじむのではなく、外界のそのまた外側にまで広がろうとした精神のはたらきととらえられます。そして中井にとって、そんな幻想とつながる眠りの世界は、同時に恥ずかしいほどに安らぎを覚えるものだったのでしょう（『悪夢の骨牌《カルタ》』という魅力的な連作短篇集もありますが）。ここには、脳内の何らかのはたらきと関わり、しかも心や体の休息や回復にもつながるものであるという睡眠の性格が立ちあらわれているのではないでしょうか。

中井は、祖父は札幌農学校（いまの北海道大学）、父は東京帝国大学の植物学の教授という家系に生まれ（姉も植物学者と結婚しています）、自身も中退ながら東京大学の文学部言語学科に在学していたので、学問や科学のことばや考え方と無縁ではありませんでした。そういう素養もありながら、中井がその精神の中に浮かび上がるものを独自のことばで書きとどめたのが、彼の作品にほかならないと言えるでしょう。そして、中井が最後に遺した詩は、夢とは何か、眠りとは何かを問うことでこそ、彼の幻想とは何かを解き明かす手がかりが得られるのだと告げているように思われます。

この本は、睡眠をめぐる科学の語りをたどっていきます。それはもっぱら脳をはじめとする中枢神経系の構造やはたらきを研究してきた人々の努力と知恵から生まれたものです。しかし、そうやって科学ならではの緻密さでの探究を学ぶうちに、わたしたちは、ほかならぬ「このわたし」という意識とも結びつく脳の不思議にあらためて魅せられることになるでしょう。その時、そんな脳髄のひとつが紡ぎ、この世に残していった中井英夫の作品もまた、一層深い輝きとともに、わたしたちの心に迫ってくるのではないでしょうか。

「うつし世はゆめ　よるの夢こそまこと」

中井英夫が敬愛した探偵小説家・江戸川乱歩はそう綴りました。わたしは昼間の現実が幻だとは思いませんが、夜に、夢の中に、わたしたちの心の大切な何かが、文字通り眠っているようにも感じています。この本の、睡眠についての大いなる探究の旅の後に、もう一度、そんな想いをかえりみて、科学的探究を行うとともにさまざまな幻想にも親しむ精神や、それを担う人間とは何かを見つめられたらと思います。

それではお話をはじめましょう。まずは旅立ちの準備です。

第1章

旅立ちのグッドナイト

1 眠りの「発見」

眠りの内と外

「グッドナイト（おやすみなさい）」は普通なら、よけいなことは忘れて、ゆっくり眠りましょうという意味ですが、この本はむしろ、「眠りって何」「夢って何」と興味と考えを広げる「頭の中の旅」へのお誘いです。それもまた、心ときめく「グッドナイト」、そう思っていただけるように書けているならさいわいです。もちろん、昼でも朝でも読んでいただくのは大歓迎ですが。

さて、眠り（睡眠）とは何かと問われて、たとえば「そりゃ、寝ちゃうことでしょ」と答えたとします。この「寝ちゃう」が「眠る」という意味なら「眠ることは眠ることだ」と言っているだけで情報は増えていません（同語反復）。つまり、何も語れてはいません。しかし、「寝る」というのを横たわることととらえるなら、今度は「寝ているからといって眠っているとは限らない」ことになります。意地の悪い人なら「座って眠っていることもあるしね」などと言うかもしれませんね。

あるいは、しっかりと目覚めている時でも、何かに気持ちが行きすぎて、他のことが目に入らない（意識の外になってしまう）状態なら、まわりの人からは「夢中になりすぎだよ」とか「夢みたいなことばかり考えてちゃダメだよ」と心配されるかもしれません。そう考えると、眠りの中で夢を見ている時も、わたしたちは周囲の現実から離れて、夢にだけ「夢中」になっていると言えるでしょう。夢については、第5章であらためて考えてみますが、こうやって周囲の世界を感じることから、なかば切り離されているのが眠りの特徴のひとつと考えられます。さらに、眠っている時の自分自身を考えれば、ある程度の時間、夢を含めてのすべての意識が消えているのもわかります。

けれども、自分自身を材料にして眠りについて考えるのには限界があります。たとえば、何かの原因で気を失っている時とぐっすりと眠っている時は、自分自身にとっては意識を失っているという点で同じであるように思われます。原因がちがうといっても、わたしたちは自然に眠りに落ちるだけではなく、薬やお酒を飲んで眠くなってしまうこともあります。これらの作用と気絶を引き起こす作用は、わたしたちの体にとってちがうものなのでしょうか。あるいは、催眠術にかけられている時、わたしたちは眠っているようでもあり、しかし、催眠術師の指示には従ってしまうのだから意識はあるようでもあり、それは本当に「眠り」の状態と呼べるのだろうかとも考えてしまいます。

ここまで細かく見てくると、自分自身に問いかけてもわからないだけでなく、目の前でだれかが横たわって意識を失っているのをただ観察するだけでは、それを「眠り」と呼んでいいかどうかわからないとも言えそうです。

それならば、何をどのように調べれば「眠りとは何か」を解き明かすことができるのでしょうか。この章では、この問いからはじめて、この本が眠りをめぐって、どんな題材を扱っていくのかの大筋をお話しします。それは、遠い昔からいまもなお、多くの人々が積み重ねている探究の、ごく簡単ながらも「見取り図」ともなるでしょう。

夢見る魂

ジャズの名曲として知られる『想い出のサンフランシスコ』（原題：I Left My Heart in San Francisco）には、こんな歌詞が出てきます。

"I left my heart in San Francisco.
My love waits there in San Francisco."

「わたしの心はサンフランシスコにある。
わたしの愛する人がサンフランシスコで待っている」

ここで「心がサンフランシスコにある」というのは、もとよりたとえ話で、わたしの心はわたしの体のはたらきの一部なのだから、体の外側にあるはずはありません。これが、現代のわたしたちにとっては当たり前の考え方でしょう。

しかし、「では心（ハート）は体のどこにあるのだろう」と思い返してみると「ハートはハートでも心臓じゃないよね」とも気づきます。このことばの意味のぶれは、昔といまの人間のものの考え方のちがいを反映しているのです。そして、かつては心（魂）が体とは独立して存在しているというのも、決して特殊な考え方ではありませんでした。さらには、そのような考え方で、この本のテーマである「眠り」が解釈されることもありました。

『グリム童話集』を編集したことで知られるグリム兄弟は、言語学や民俗学の研究者で『ドイツ伝説集』という本も作っています。この中に登場する『眠れる王』というお話では、木陰で眠る王の口から小さな動物が出てきて、山の穴の中に行って、宝物を見つけます。その小動物が戻ってきて王の口の中に入ると王は目を覚まし、宝物の夢を見たと言って、実際に山の穴からそれを見つけるのです。このお話の小動物は王の魂のようなものでしょう。眠っている人間から魂が抜け出し、その魂が見聞きしたものが夢となる。逆に言えば、眠るとは体から一時的に魂が抜け出すことなのだというわけです。[※1] しかし、現代のわたしたちとしては、さすがに魂と結びつけて眠りとは何かを考えるわけにはいきませんね。そして、わたしたちは眠っている間、一時的に魂が抜けて死んでいるわけではないのは言うまでもありません。[※2]

では、体そのものの中で、眠りに大きく関わるのはどこなのでしょうか。そして、眠っている時と眠っていない時では、そこにどんなちがいが生じているのでしょうか。

古代ギリシアの哲学者であるアリストテレスは、体中に血液を送り出す心臓が人間の中心であり、感じたり考えたりするものとしての心のありかも心臓であると考えていました。そして、人間が食事をすると血液に栄養が取り込まれて血液が熱くなり、熱い空気が上に向かうように、血液が脳にのぼり、頭が重くなって眠くなるのだと考えていました（ただし、「頭が重くて眠い」と感じているのは心臓という考え方です）。さらに、眠っている間に、脳はこの熱くなった血液を受け入れて冷やす場所であると考えました。[※3]

一方、アリストテレスの師であるプラトンは、神聖で理知的な魂は、神によって人間の頭部に住まわされていると説いています。こう記すといかにも先生であるプラトンよりもアリストテレスの方がまちがいが大きいように思われますが、実はプラトンは胸と腹にも魂があると考えていました。これら2つの魂は他の動物と共通のもので、食欲などの欲望と結びつき、肉体の死とともに死んでしまいます。それに対して、頭部の魂は肉体を離れて星の世界に旅立ち、やがて新しい体に宿ると考えていました。つまり、肉体とは独立した魂を考えていたわけで、この点では「眠っている間に体から魂が抜け出す」といった考え方とつながるものがあったのです。

やがて、科学の進歩は魂による説明を離れ、同時に感覚や思考のはたらきの中心も脳にあるとされるようになりました。わたしたちをとりまく環境からの情報は、皮膚(触覚)や耳(聴覚)・鼻(嗅覚)・目(視覚)などから神経を通じて脳に伝えられ、そこで処理されて、わたしたちが感じているものとしての感覚が成り立ちます。脳はこれらの情報をもとに思考のはたらきも行うことになります。

では、科学が見出したのは、プラトンの考えから「魂」といった発想を引き算したもので、アリストテレスの考えはもはや過去のものとして忘れられるしかないということになるのでしょうか。このことは、少し後のパートで、あらためて考えてみましょう。

レム睡眠とノンレム睡眠

体から独立した魂を考えるというのは科学的ではなく、また、わたしたちが意識とか心とか呼んでいるものは、脳のはたらきを中心としてつくり出されているというのは、現代のわたしたちにとっては当たり前に聞こえます。このことは、脳に傷を受けた人の研究や、脳に電気刺激を与えた時の反応などで、しだいに細かいところまで明らかにされてきました。20世紀の前半にカナダやアメリカで活躍した脳神経外科医ワイルダー・ペンフィールドは、大脳の表面近くの皮質と呼ばれる部分について、体の各部の感覚を受け取ったり、動かしたりする機能がどのように分布しているかを明らかにし、大脳皮質に小人がはりついているような独特の図（体性地図）を描きました。ペンフィールドは、大脳の側頭葉と呼ばれる部位を電気刺激することで過去の記憶が呼び起こされることも明らかにしました。つまり、脳のはたらきの根本は電流と関係しているということもわかってきたのです。

そして、ついに休息とは区別される睡眠とは何かが科学的に解き明かされる時がやってきました。そのきっかけは脳波計の発明でした。

１９２９年、ドイツの精神科医ハンス・ベルガーは、人の頭皮に電極を取り付け、脳内のごく弱い電流とその変化を記録することに成功します。すでに記したように、この頃には、脳の活動が電流と関係していることが明らかになりつつあったのですが、脳波計はそのような研究を大きく進めることとなりました。※4

脳波計による研究に先立って、眠りが脳のはたらきと深く結びついているらしいことはわかっていました。１９１６年から翌年の冬にかけて、ヨーロッパを中心に「嗜眠性脳炎」と呼ばれる病気が流行しました（原因はウイルスと考えられていますが、現在でも確実なことはわかっていません）。この病気は、ある人には不眠症をもたらすとともに、別の人では過度の眠気が症状となり、１００万人以上の犠牲者が出ました。オーストリアの神経学者コンスタンチン・フォン・エコノモは「嗜眠性脳炎」の死者たちを解剖し、不眠症の患者は視床下部の前部に損傷があるのに対して、過度の眠気を訴えていた患者は視床下部の後部に損傷があるのを確認しました。いずれにしろ、眠りが脳のコントロールを受けているのであろうということが推測されたのです。

さて、ベルガーによって脳の研究に脳波計が導入されると、やがて、睡眠中の脳波の測定も行われるようになりました。ここで大きな発見をしたのが、アメリカの科学者ユージン・アセリンスキーでした。1953年、シカゴ大学の大学院で学んでいたアセリンスキーは指導教授から、睡眠中のあかんぼうの眼球の動きを調べる課題を与えられました。そこでアセリンスキーは、睡眠中のあかんぼうたちが一定の周期で、まぶたをけいれんさせるような時間（眼球がクリクリッとすばやく動く状態）と、そのようなけいれんをしない時間を繰り返していることに気づきます。さらにアセリンスキーは、あかんぼうたちのひと晩の脳波を連続して測ってみました。その記録はそれぞれが800mもの用紙になりましたが、彼が発見した眼球運動の周期と睡眠中の脳波の変化が結びつけられ、この急速な眼球運動が行われている状態は「急速眼球運動睡眠（レム睡眠）」と名づけられました。これに対して、眼球運動が見られない状態は「ノンレム睡眠」と呼ばれることになりました。

アセリンスキーによる睡眠の解明はさらに進みます。レム睡眠の最中の脳波は目が覚めている時と似た活発さを示すのですが[※5]、おとなを対象とした実験をすることで、このレム睡眠の間に人は夢を見ているということもわかったのです。

こうして、睡眠は脳のコントロールによるものであるということ、そして、脳波を測れば、休息と睡眠は区別できるということがわかってきました。

※1　古代中国の思想家である荘子は、ある日、自分が蝶になって飛んでいる夢を見ます。荘子はそこから「わたしが夢の中で蝶になっていたのか。あるいは、いまのわたしが、蝶が人間になった夢を見ているのか」と考えますが、このお話も荘子の魂が彼の体を抜け出して蝶になっていたととらえることができるかもしれません。このお話の詳細な検討は、第5章で行いましょう。

※2　明治のはじめに生まれて戦前まで、劇作家や小説家として活躍した岡本綺堂の『離魂病』という短編小説には、自分の体から抜け出した魂（自分そっくりの分身）を本人が見ると死んでしまうというエピソードが登場します。『離魂病』も中国の古いお話にヒントを得ているようですが、ここでは眠っていなくても魂が体から抜け出すという考え方があらわれており（ひとりの人にいくつかの魂があるという考え方かもしれません）、文化を考える上ではとても興味深いところです。

※3　ここではごく単純化してお話ししますが、アリストテレスの議論はとても興味深いので、関心がある方は『自然学小論集』という本の「眠りと目覚めについて」という章を読んでみてください。なお、生まれたばかりのあかんぼうは、小さな体にアンバランスについた大きな頭に栄養が詰まっているので、よく眠るし、何カ月か首がぐらぐらしていている（首がすわらない）といった考えも述べられています。

※4　ベルガー自身は脳波計による測定でテレパシーの存在を確かめようとしていたことが知られています。こんなところからも、科学の発展が一本の単純なレールのようなものではなく、また、研究者自身の意図と、その研究が（結果として）何を明らかにするかも常に一致しているわけではないことがわかります。

※5　レム睡眠の間、人は目が覚めている時と同じような活発な脳波を示しながらも、体は眠ったままです。フランスの神経生理学者ミッシェル・ジュベはこのような活発な脳波と動かない体の奇妙な組み合わせを「逆説睡眠」と呼びました。そして、ネコを使った実験で脳の「橋《きょう》」と呼ばれる場所が、睡眠中の大きな筋肉のマヒを起こし、脳が活発に活動している間も、体の動きがおさえられていることを発見しました。この「橋」が傷ついたネコは、逆説睡眠（レム睡眠）の間に起き上がり、しばしば敵を攻撃するようなしぐさを示します。ネコは、狩りや戦いの夢を見ているのかもしれません。

2 NOと言えない眠り

脳は眠りで癒される

さて、脳波計による客観的な「睡眠」の観察が可能になったところで、あらためて、ヒトを含む動物にとっての眠りの意味が問われるようになりました。前のパートで注記したように、眠っている時、脳は全身の骨格筋を弛緩させます。自分自身が眠っている状態を考えても、周囲の音などにまったく反応しなくなるわけではありませんが（目覚まし時計が鳴れば目が覚めます）、そういう反応性が低くおさえられて、また、レム睡眠の間は「夢」という頭の中の世界にひたりきっていると考えられます。これは野生動物ならば、敵に襲われるかもしれない危険な状態でしょう。現代人だって、列車や駅で眠っている間に荷物を盗まれるくらいの心配は日常的にあるでしょう。それならば、ただの休息ではなく、さまざまなスイッチを切ったり絞ったりするような睡眠は、何の役に立っているのでしょうか。

眠りの意味は「眠らないとどうなるか」という試みからみえてきました。1963年、アメリカ・サンディエゴの高校生ランディ・ガードナーは自分自身の体で、この問いに答えてみることにしました。友人の助けなどを得て「断眠」に挑んだ彼は、11日間（264時間）目を覚まし続け、世界記録を達成しました。しかし、この間、断眠2日目には目の焦点が合わせづらくなり、4日目には幻覚が見えるようになりました。最後の方では、何かの危険が迫っているような気がしてしかたなくなり（被害妄想）、記憶もとぎれとぎれになって、見守る友人たちはガードナーの話すことばがよくわからないものになるのを確認しています。

これほどでなくても、日常的な睡眠不足は、わたしたちにさまざまな障害をもたらします。どのくらいの時間眠れば十分かは人によっても異なり、簡単に一般化できませんが、多くの人でひと晩に6時間程度の睡眠を10日ほど続けると、ひと晩徹夜（24時間の断眠）したのと同じくらいの影響を受け、反応時間が遅くなり、集中力が低下することが知られています。※1 ヒト以外にも、ラットの実験では、眠ることをじゃまされた断眠個体はふだん以上に餌を食べていても弱っていき、体温も下がり、11日から54日の範囲で死んでしまいました。※2 さまざまな世界記録の認定を行うギネスワールドレコーズは、現在、人体にとってきわめて危険であるという理由で「断眠」の世界記録への挑戦を受け付けていません。また、動物実験も倫理に基づいた福祉の立場から、厳しく制限されるようになっています。

ちなみに、わたしはたくさん眠りたい方で、徹夜１日目でも結構、幻聴が聞こえてくるし、とても不機嫌になります。子どもっぽいだけかもしれませんし、あるいはどこかから何かの魂が飛んできて、わたしの耳もとでささやいているのかもしれませんが。そういえば、本を読んでいて眠くなると、そこに書いていないことばが勝手に浮かんできたりしますが、これも一種の脳のバグなのでしょうか。

さて、さきほど記したように連続２６４時間という断眠の世界記録をつくったガードナーですが、実験の後、14時間ぐっすり眠ると、すっかり元気になって目覚めたそうです。これこそが睡眠の効果なのです。長い時間眠らないことで起きるさまざまな障害は、脳の機能にトラブルが生じている証拠と考えられます。やせ細っていったラットも、栄養を吸収して健康を保つ機能が壊れてしまったと考えられ、そのおおもとはやはり、脳のコントロール機能の失調ということになります。そして、ガードナーの例のように、睡眠は非常に効果的に脳の機能を回復させています。

生きものの進化は環境への適応として行われます。もしも何かの新しい性質を持った個体が生まれてきても、それがその時の環境に不適合だった場合、その個体は生き残れず、その性質は子孫に受け継がれません。その意味で、無防備になる睡眠という行動がなぜ進化の歴史の中で定着し、広がることができたかが疑問だったわけですが、脳の一定の部分を外界から切り離して機能の回復を行う必要というかたちで、合理的な理解が成り立つだろうというわけです。夢についても、同じようにに外界と独立しての情報の処理や整理の効果が読み取れそうです。たとえ危険をはらんでいても、わたしたち脳を持つ動物は、眠ることを拒めない（NOと言えない）理由があるのです。以上のような点については、後の章でそれぞれ細かく見ていくことにしましょう。

心や意識のありか（中心）を心臓としたアリストテレスの考えは、現在の科学では認められませんし、食事の栄養で熱くなった血液が脳で冷やされるという想定も、脳の機能としてはあてはまらないことがわかっています。しかし、わたしたちが眠っている間に脳で何らかの回復が行われているという発想は、結果としていくらかの事実を含んでいたと言えるのかもしれません。

ナマケモノはなまけていない？

　ナマケモノは英語で〝ｓｌｏｔｈ〟と言いますが、これも「なまけもの」という意味です。もともとは17世紀のはじめにポルトガル語で、やはり「なまけもの」という意味の名をつけられたようです。異なる言語や文化の中でも「なまけもの」と呼ばれ続けるのは、フックのようになった爪で、ずっと木にぶら下がっている、その姿がだれの目にも印象的だったからでしょう。１日のほとんどを眠って過ごす動物、わたしたちのナマケモノに対するイメージはそうまとめられるでしょう。

　ナマケモノは木の葉が主食です。木の葉はあまり栄養がなく、ナマケモノは、できるだけエネルギーを使わないようにじっとしながら、木の葉を消化していると考えられています。ただ動かないだけではなく、気温が一定以上に下がっても上がっても、体の中で物質を分解したり合成したりする代謝が低くなって、ムダなエネルギーを使わないようになっていることが知られています。

　周囲の環境に合わせて代謝が低くなると言えば、冬眠・冬ごもりなどの休眠状態が思い浮かびます。ナマケモノと同じ南アメリカに住む有袋類のチロエオポッサムは昼間のほとんどを休眠状態で過ごし、夜に起き出して餌となる虫や果実を探します。[※3] 実際、チロエオポッサムたちは冬になると休眠状態になり、その間、しっぽに蓄えた脂肪で生きのびます。しかし、ナマケモノの場合は、このような休眠状態になるわけではありません。それどころか、脳波を測ってみると、１日のうちで睡眠と呼べる状態は10時間程度です。眠りに関する限り、ナマケモノが「なまけている」というのは、わたしたちの思い込みにすぎないようです。

C．エレガンスの優雅な眠り

わたしたちの素朴な感覚とはずれて、休息はしていてもあまり眠ってはいなかったナマケモノ。そのことは脳波の測定によって確かめられました。一方で、脳（神経の中心となる器官）を持たない動物にも、脳を持つ動物の睡眠に似た行動が見られます。あるいは、このような行動こそが、睡眠の進化のはじまりをさかのぼる手がかりを与えてくれているのではないかと考えられています。

ここではひとまず、ごく簡単な神経系だけを持つ動物の、いわばミニマムな（最小限の）要素からなる「睡眠」の例を見てみましょう。それは線虫と呼ばれる動物です。線虫のなかまには、人間を悩ませる回虫やマツの木に被害をもたらすマツノザイセンチュウなどがいます。これらは寄生生活を送る種です。

回虫ならば胃や腸の中で卵からかえった幼虫が、肝臓・心臓・肺などを経て、再び小腸に達して成虫になります。メスの成虫はたくさんの卵を産み、便とともに排出された卵が食べものなどをかだちにして、別の宿主に取り込まれることになります。

体長1㎜ほどのマツノザイセンチュウの場合は、マツの幹の中で増殖し、それがマツの道管（水の通り道）をふさぐと、その木は枯れてしまうので、大きな林業被害につながります。※4

しかし、現在知られている線虫のなかまの約75%は、このような寄生をしません。その中で、セノラブディティス・エレガンス（略称C．エレガンス）という学名の種は、マツノザイセンチュウと同じくらいの体長1㎜ほどの線虫ですが、土の中にいて細菌などを食べて生きています。このC．エレガンスは、卵からかえったばかりの個体で558個の細胞からなり、成虫になるとそれが

９５９個になります。そして、多くの研究者の努力の結果、これらの細胞がたった1個の細胞である受精卵から、どのように分裂し、C．エレガンスの体ができあがるかのすべての過程がわかっています。また、成虫の細胞のうち３０２個が神経細胞ですが、それらどうしのつながりや、筋肉との連絡（結合）の様子もわかっています。さらに、その遺伝子の全体についてもすべてが解読されています（多細胞生物としてははじめての研究成果でした）。以上のような土台となる情報が蓄積されているので、C．エレガンスはさまざまな発展的研究のための素材となっています。

さて、ではこのような「脳を持たない」C．エレガンスは、どんなかたちで「睡眠」の研究につながったのでしょうか。

まずはその行動が注目されました。C．エレガンスは卵からかえった後、４回の脱皮を経て、成虫になります。そして、それぞれの脱皮の直前になると体の動きが止まります。これを「休止期」と呼びますが、この休止期がC．エレガンスの「睡眠」なのではないかと考えられるようになったのです。

多くの動物で「体内時計」と呼ばれるしくみが確認されています。ヒトの体内時計はそれ自体としては25時間周期です。これに対して、まわりの明るさや食事・運動その他の行動などが刺激となって、わたしたちの体は地球の自転による24時間周期に同調するように調整されています。体温の変化や体内のいろいろな反応が体内時計で調節されていますが、睡眠と覚醒のリズムも体内時計がもとになっています。これらのリズムはまとめて「概日リズム」と呼ばれます。

ここであらためてC．エレガンスの休止期ですが、これをコントロールする遺伝子は特定されています。そして、それは多くの動物の概日リズムをつくり睡眠をコントロールしている遺伝子と対応するものであることがわかりました。わたしたちにとっての睡眠がC．エレガンスの幼虫での休止期にあたるのではないかという大きな根拠はここにあります。

C．エレガンスの休止期には、行動としても休息というよりは睡眠と関連づけられる特徴があります。まずは、反応性の低下です。C．エレガンスは、ある種の物質を与えられると、それを避けようとする性質があります。しかし、休止期の幼虫はこの反応が低くなることが観察されました。また、休止をじゃまされた幼虫は、そのじゃまされた時間が長いほど、その後に動く量が減る（休止を取り戻そうとする）ことも確認されました。C．エレガンスは脱皮の前には優雅（エレガント）にゆったりと「眠る」ことで、とどこおりなく成虫への道をたどるのです。[※5]

以上、脳を持たない線虫の行動にも睡眠研究の手がかりがあることをお話ししてきました。[※6] そしてこのような研究を通して、脳を持っていても、現在まだ十分に脳波を測れない動物などを含め、行動観察で「睡眠状態」であると推測する基準が立てられてきました。特に休息との区別が重要ですが、広く用いられている基準は、以下の４つです。

1．概日リズムに従っている。
2．動かず、特有の（決まったパターンの）姿勢をとる。
3．感覚レベルが非常に低下している（C．エレガンスに、C．エレガンスが嫌う物質を与える実験を思い出してください）。
4．「睡眠」と考えられる行動を妨げるとその後にはっきりと「睡眠」の時間が長くなる。

これらの基準があてはまるものを「行動睡眠（行動学的な睡眠）」ととらえて、幅広い動物での比較研究が行われるようになっているのです。

眠りを今日知ろう

飛行機のように、あるいは鳥のように、この本でお話しする「眠りの世界」の全体を見晴るかしてみました。次章からはいよいよ、本格的な「眠りの世界」への旅立ちです。

ここでも名を出した鳥類は、ほ乳類とともに、非常に脳が発達した動物です。脳の発達が睡眠というメンテナンスを必要とするのはすでに述べた通りです。しかし、長距離を、しかもあまり降り立つところのない海上などを移動する渡り鳥はどのようにして眠っているのでしょうか。あるいは、肺呼吸をするほ乳類でありながら、再度水中に適応した鯨類（大型種がクジラ、小型種がイルカと呼ばれます）の睡眠はどうなのでしょうか。

さらに行動睡眠の見方から、魚類・両生類・は虫類はもとより、昆虫などの睡眠についても考えていきましょう。

この本を読み終える、ひとまずの旅の終わりには、わたしたちはいままで思っていたのとはずいぶんちがう「眠り」の姿に、目の覚めるような思いができるでしょう。

※1　ユニークな妖怪マンガを中心に多くの名作を残し、2015年に93歳で亡くなった水木しげるはインタビューに答えて「1日の徹夜はいいけれど2日続けてはいけない。手塚治虫（60歳没）なんかは2日続けて徹夜するから無理がたたったんだ」と語っています。もちろん、寝不足以外にもいろいろな原因が関わりあって、その人の寿命が決まるわけですが、水木しげるのことばを通して、わたしたちも自分の暮らしのリズムを考え直すべきかもしれません。ハーバード大学で睡眠の研究をしてきたロバート・スティックゴールドは「いまの世の中は、世界中で睡眠不足の悪影響を実験しているようなものだ」と言っています。

※2　ここでのラットの実験のように断眠を続けることは、いずれは死にまでつながります。しかし、本文でも少し後に記したように「脳のバグ」と言うべきものは、ずっと早い段階であらわれます。それだけ、睡眠と脳の健全なはたらきは深く結びついているということです。

※3　休眠状態と睡眠との比較は、第5章で、あらためて詳しく考えてみることとします。

※4　マツノザイセンチュウはもともと北アメリカに生息していましたが、現在はアジアやヨーロッパにも広がっており、それらの地域のマツはマツノザイセンチュウへの抵抗力が低いようで、被害が増大しています。

※5　研究室でC. エレガンスを平たい場所（寒天平板）の上に置くと、C. エレガンスは餌を求めながら、くねくねとSの字に体をくねらせて前進後退を行います。そのなめらかな動きが「優雅（エレガント）」だということで、その学名がつけられました。

※6　なお、C. エレガンスには「日常的な睡眠行動」と見なされているものもあります。これについては、C. エレガンスの頭部の「ナーブリング」と呼ばれる神経細胞についてとともに、第4章でお話しすることとします。

第2章

眠りを見る目を練る
――探究の歴史と成果

1 のぞき見・脳の進化史

眠っているのはだれのどこだ

「狸寝入《たぬきね》り」と言えば、寝たふりをして他人をだますことです。もっとも、実際のタヌキ（図2-1）は敵に襲われるなどの危険な目にあった時、本当に意識を失い、仮死状態になってしまうと言います。これは「擬死」と言って、生きて動くものを獲物と認識するような敵には、その攻撃をおさえる効果があると考えられています。敵が関心を失ったり立ち去ったりしてくれれば、しばらくして目を覚まして逃げられるというわけです。

英語では「狸寝入り」のことを“play possum”（オポッサムを演じる）と言います。知らんふりとか、とぼけるという意味もあるとのことですが、オポッサム[※1]は南北アメリカ大陸に生息する有袋類で、やはり擬死の習性があるので、まさに「狸寝入り」です。

しかし、人間の狸寝入りはあくまでも意識的で、本人としては完全に目覚めている状態です。では、眠っているように見える人が狸寝入りかどうかを客観的に確かめるにはどうしたらよいでしょうか。あるいは、目を閉じて、じっと横になって休んでいる人と、ぐっすりと眠り込んでいる人の区別はどうなるのでしょうか。これについては、脳波の状態がポイントになります。脳波は脳の神経細胞内の電気活動を脳波計で測ったものですが、脳波の変化はそのまま脳の活動状態の変化を示します。わたしたちの睡眠中には、特徴的な脳波があらわれることはすでに述べました。睡眠中の脳波にいくつかのタイプがあることも記しましたが、それぞれの脳波が脳のどんな状態を示しているか、そして、そのような睡眠状態はわたしたちにとって、どんな意味があるのか、こういったことはこれから細かくお話ししていきます。ともあれ、科学的に「睡眠とは何か」をとらえようとするなら脳波がカギとなるということが大切です。こうして、厳密に定義される睡眠を「脳波睡眠」と呼んでいます。

「眠っているのはどこのだれだ」

こんなふうに問うのは、居眠りをしている生徒を叱る学校の先生というところでしょうが、これに対して厳密に答えるなら「眠っているのは脳だ」ということになります。もとより「睡眠」は全身的な行動ですが、それに固有の脳波によって「睡眠」であると認められ、また、脳が睡眠状態にあることが、全身のどの機能をどんなふうに止めたりおさえたり、あるいは、はたらきを保ったりするかに影響するので、核心は脳です。

しかし、ここまでに書いたことには、実際にはさらに限定が

図2-1 ホンドタヌキ（2015年12月26日撮影）

必要となります。「眠っているのはだれのどこだ」と問うなら、答えは「眠っているのは、ほ乳類と鳥類の脳だ」となるのです。[※2] 現在わかっている範囲では、ほ乳類と鳥類だけが、はっきりとしたレム睡眠とノンレム睡眠を示します。つまり、わたしたちと同様の睡眠、ということを厳密に考えるなら、比較の対象はほ乳類と鳥類ということになるのです。それだけ特殊なタイプの発達をした脳だけが、真の「脳波睡眠」を行うということができるでしょう。

けれども、ほ乳類と鳥類はまったくちがう進化の系統に属します（およそ3億年以上前の石炭紀に分岐しました）。つまり、ほ乳類と鳥類の脳だけに共通の特徴が見られるとしても、それはそれぞれの進化系統の枝で独自に進化したものだということになります。そして、進化は環境に適応し、それに必要な形態や性質を発展させることで起こります。

以下では、「睡眠とは何か」を動物たちの生活から理解していくために、ほ乳類と鳥類の脳が生まれるに至った進化の歴史を、ほんの少しだけのぞいてみましょう。

おかしらつきの誕生

「あなたの脳はどこにありますか」

そう質問されたら、多くの人は「ここだよ」と頭を指すでしょう。これは当然、正解なのですが、中枢神経という見方をすると、もう少し注意が必要です。わたしたちの体は神経のはたらきでコントロールされていますが、それらの神経は大きく2つに分けられます。中枢神経と末梢神経です。末梢神経は全身に張りめぐらされ、さまざまな刺激に反応します。その反応は一種の情報として末梢神経から中枢神経に伝えられ、中枢神経はそれに反応して、さまざまな指令を発します。この指令は再び、末梢神経によって全身へ伝達されていきます。

たとえば、湯と水を加減しながら入れている風呂に手を入れると、手の神経から温度の情報が脳に伝えられ、「少しぬるいな」と判断されれば、脳は「もっと湯を増やせ」という指令を発して、手は湯が増えるようにレバーを操作します。ここでは、脳は思考や判断、それに基づいた行動決定という高度な情報処理を行う中枢神経としての役割を果たしています。

しかし、手を入れた風呂がうっかり熱くなりすぎていたら、わたしたちは「熱い」と思う間もなく手を引っ込めるでしょう。ここでは手を引っ込める動作が先になり、「熱い」という脳の判断は遅れてやってきます。そして、手の末梢神経からの情報に対して「思わず」手を引っ込める反応を起こしているのは脊髄です。脊髄もまた、全身からの情報に対する反応を行っているのです。

以上のように、わたしたちの体の中枢神経と末梢神経を分ける時、中枢神経とは、脳と脊髄のひと連なりと考えられます。脳とは、中枢神経のうち、頭蓋に収まっている部分ととらえるべきなのです。そうなると、脳というよりも中枢神経はどのように生まれてきたのかがポイントとなってきます。

少し、ことばを整理しながら進めましょう。ここまで脊髄と呼んでいるのは、脳から連続する中枢神経で、わたしたちの背中側を通っています。これに対して、脊椎はこの脊髄を内部に収めた管状の構造で、ヒトでは32個から34個の骨（椎骨）が連なってできています。わたしたちが背骨と呼んでいるのは、この脊椎ということになります。脊椎を持つ動物はひとまとめに脊椎動物と呼ばれますが、それはわたしたちヒトを含むほ乳類の他、は虫類（広くは鳥類を含みます）・両生類・魚

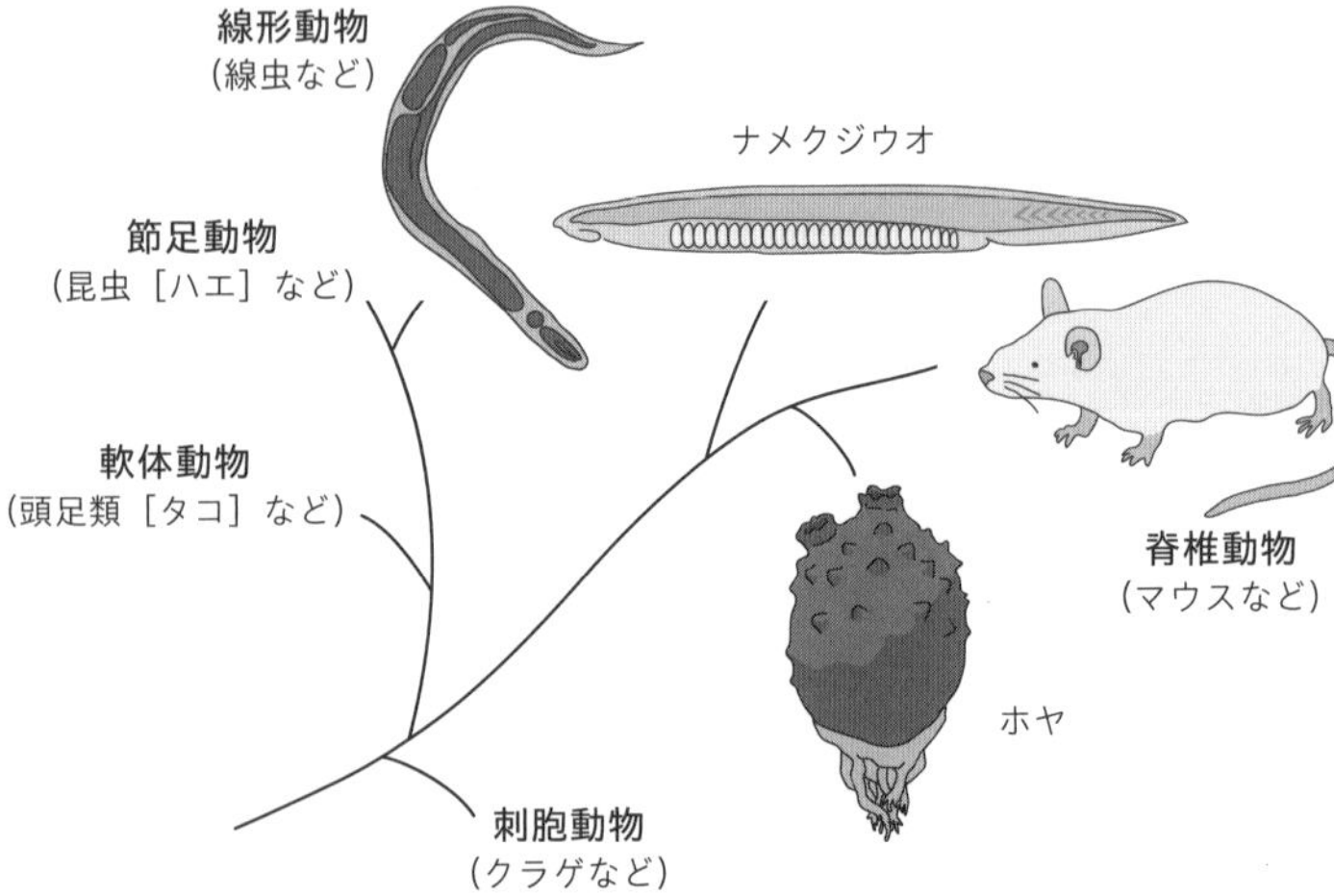

図2-2 脊椎動物の進化系統的位置

類からなります。脊椎動物全体を考えるなら、まず、体の前後左右、そして背腹が決まっており、その頭部から背中に、骨に守られた中枢神経が通っている動物ということになります。最初の脊椎動物、すなわち原始的な魚類はいまのところ5億3000万年ほど前には出現していたと考えられています。魚を頭も尾もついた姿で料理したものを「おかしらつき（尾頭付き）」と言います。特に、鯛《たい》を焼いたおかしらつきは「めでタイ」ものとされていますが、脳と脊髄という中枢神経を持つ脊椎動物の出現は、まさに「おかしらつきの誕生」と言えるでしょう。

もっとも、動物の進化の歴史をみると、背中側の前後の軸で神経の集まりが見られるのは脊椎動物が最初ではありません（図2-2）。ひとまず確実なものとして、時々、鮨《すし》屋や居酒屋でお目にかかることのあるホヤや、ナメクジウオといった動物があげられます。このような動物たちは背中側に体の前後の軸に沿った脊索という構造を持ちます。これは一種の繊維ですが、膜の中に固体と液体の中間的な性質（ゲル状）を持つ内容物が詰まっており、ホヤやナメクジウオでは、中枢神経がこの脊索に支えられています。これらの動物において受精卵から体がつくられていく過程（胚発生）を見ると、まず脊索ができ、この脊索がその背中側に神経管と呼ばれる中枢神経の元がつくられるのを誘導していることがわかります。脊索は脊椎動物の胚発生でも見られますが、脊椎動物の場合、やがて、すでに述べた脊椎が形成されるにつれて脊索は退化し、最終的には椎骨と椎骨の間にはさまって背骨の動きを助けるクッションのはたらきをする、リング状の椎間板にそのなごりをとどめることになります。ヒトを含む脊椎動物は、ホヤを含む尾索動物というグループと共通の祖先から分かれて進化したと考えられていますが（ナメクジウオはそれらとやや遠い「頭索動物」というグループとされます）、脊椎動物を特徴づける「背骨」のでき方にも、そんな歴史が映し出されています。「背骨」を持たない動物たち（まとめて無脊椎動物と呼ばれます）にも「睡眠」が見られると言えるかどうかは、後の第4章で考えることとします。

さて、脊椎動物に話を戻すと、すでにヒトについて記したように、脊椎は必ず、いくつかの椎骨で節のように区分けされていますが、たとえば、カエルの椎骨は10個、ヘビの椎骨は300個というように、脊椎動物の中でもグループによって区分けのされ方はさまざまです（なお、一部では脊髄と椎骨の節がずれます）。同じは虫類でも、トカゲの椎骨の数はヘビよりずっと少ないので、そこには体づくりのプロセスのちがいがあり、それ自体がそれぞれの動物たちの進化の歴史を反映していると考えられています。[※3]

脊椎動物のそれぞれに枝分かれした系統の進化において、このように脊髄の部分は、さまざまな独自の展開をしていますが、それが時には見た目の上で一致する構造を示すわけですが（収斂《しゅうれん》と呼ばれる現象です）、中枢神経の先端、頭部にあたる脳では、もっと正確に「この動物のグループの脳のこの部分は、こちらの動物のグループの脳のここにあたる」という対応づけが行えます。

かつて、脊椎動物の脳は「魚類～両生類～は虫類～ほ乳類」というかたちで複雑化してきたと考えられていました。たとえば、は虫類には見られない大脳皮質の一番外側の層（新皮質）が生まれることでほ乳類へとつながるといったようにです。しかし、現在の見方は大きく変わっています。

確かに、体の大きさに対しての脳の大きさを考えると、魚類やは虫類はあまり脳を発達させていないし、ほ乳類は脳が発達していると言えます。しかし、ほ乳類の中でもヒト・ゾウ・クジラなどのそれぞれに向かう系統は特に脳の発達が著しく、また、魚類の中でもクマノミなどは脳の大型化の傾向が見られます。

さらに、ヒトの脳の特徴のひとつはしわ（溝）の多さですが、ゾウ・クジラなどの他にハリネズミにも脳の溝が見られます（ラクダの脳もしわが発達していることが知られています）。一方で、比較的にゾウと近い系統とされるジュゴンは、つるんとした脳を持ちます（ゆっくりと回遊して海草を食べる生態と関係があるのかもしれません）。

逆に、両生類の中でもサンショウウオのなかまが、あるいは魚類でもウナギのなかまが、脳を小型化する方向で進化してきたことがわかっています。脳は多くの酸素や糖を消費する「高くつく器官」なので、それを発達させて高度な情報処理能力で生き残ろうとする進化の方向が、唯一絶対の正解（最も環境適応的）とは限らないのです。

そして、すべての脊椎動物で脳の全体が大脳・小脳と脳幹と呼ばれる部位でできているのは変わりません。進化系統的なちがいを見るためにこれらを比べ合わせる時は、「単純／複雑」ではなく、脳のどの部位の大きさや複雑さが発達しているかに注目しなければなりません。たとえば、ネズミは脳幹から伸びた嗅球《きゅうきゅう》という部位が発達していますが、これはネズミが嗅覚に重点を置いた生態を持つことと結びついています（ヒトの嗅球は大脳皮質に隠れて、脳を底の方から見ないと観察できません）。また、鳥類も魚類も脳幹の視覚と結びついた部位（中脳）が発達しています。[※4]

ここで大脳に注目し、特に両生類の誕生以降の進化を見てみましょう。ヒトは大脳が発達した動物ですが、特に発達しているのは新皮質と呼ばれる、一番外側の層です。しかし、発達の度合いはちがっていても、ヒトの新皮質にあたる部位は両生類にもあります。

そこで、あらためて鳥類です。鳥類は、広い意味での、は虫類の中から生まれた恐竜の系統の最後の生き残りとされています。化石種の恐竜にも羽毛のあるものは多く、飛ぶことに結びつく翼ととらえられるものも見られ、「ここまでが恐竜、ここからが鳥」という客観的判断は難しいため、鳥類は恐竜そのものの延長線で考えられているのです。恐竜としての鳥類の進化は、体はおしなべて小型化しつつも、脳は発達したという、発達した脳を持つ動物としては例外的なものです。鳥類の脳では一見、ほ乳類、ことにはヒトに見るような大脳の新皮質の発達はないのですが、は虫類一般に見られるＤＶＲ（背側脳室隆起、dorsal ventricular ridge）という構造があり、これが非常に発達しています。[※5] ＤＶＲは大脳内部の脳室と呼ばれるスペースに大きく突き出しています。ここには視覚情報が流れ込みます。これは、ほ乳類の大脳皮質の役割と似ており、また、詳細は割愛しますが、ＤＶＲから脳の他の部位への発信のつながりも大脳皮質と重なります。つまり、ほ乳類が大脳皮質を発達させているのに対して、鳥類は、は虫類の系統の特徴であるＤＶＲをさらに発達させているという、比べ合わせが可能なのです（図2-3）。

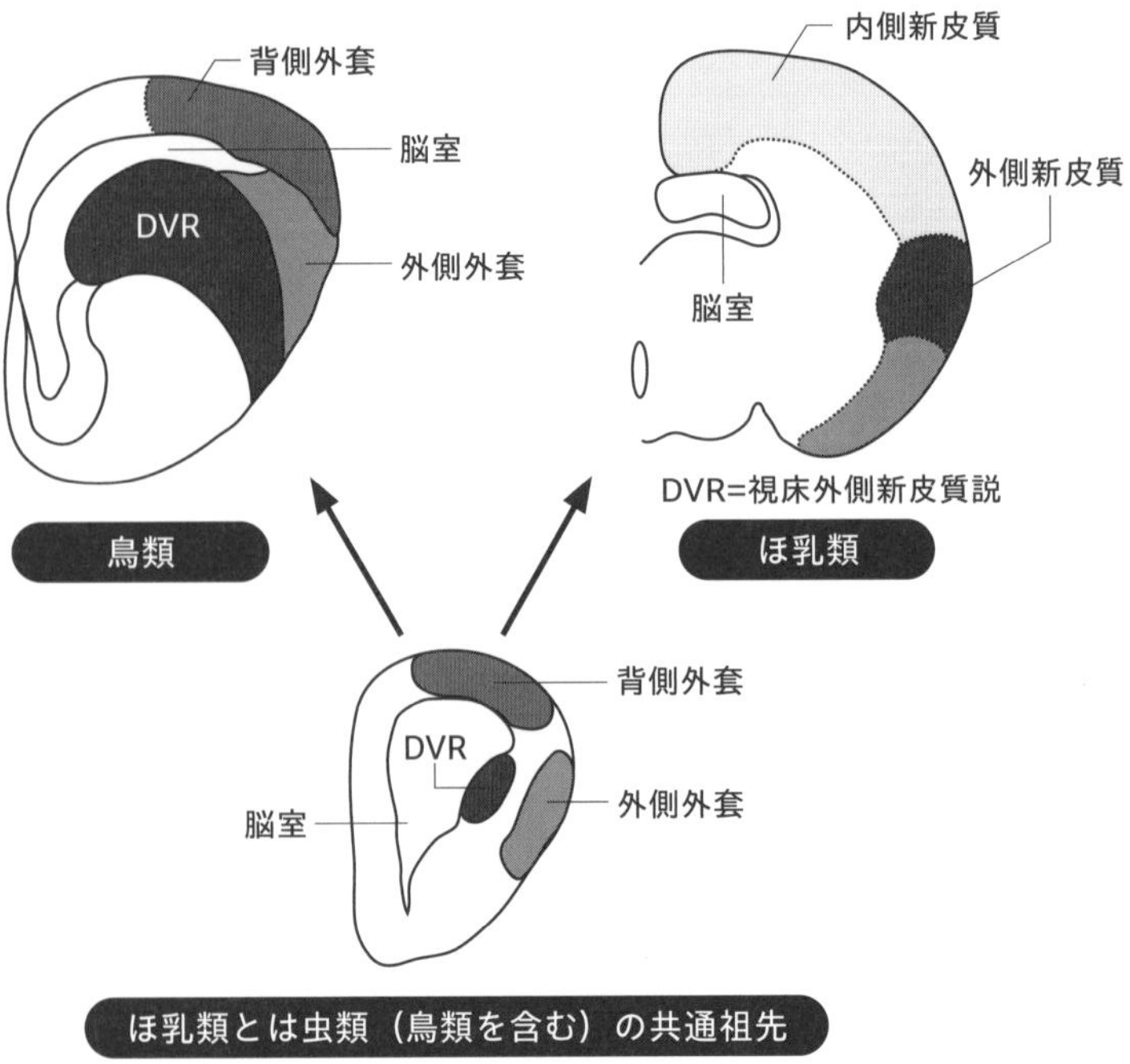

図2-3 DVRの進化

ここでひとつ注意が必要です。魚類から両生類・は虫類を経て、ほ乳類へと脳が複雑化するという考え方は成り立たないと記しましたが、実はそもそも、現在の進化系統の研究では、ほ乳類はは虫類から進化したわけではないとされています。魚類から枝分かれした両生類型の陸上動物の誕生は約4億年前とされますが、その後、現在の両生類につながる系統から分かれたグループは、さらに3つに枝分かれし、そのうちのひとつ（「単弓類」と呼ばれます）がほ乳類に向かうとともに、もう一方の枝（双弓類）からすべてのは虫類が進化しました（3つ目の、いち早く分かれた枝は「無弓類」と名づけられていますが、すべて絶滅しています）。つまり、ほ乳類へと向かった単弓類のうち、脳のはたらきを高めることで環境適応したものたちは、大脳皮質を発達させるという道をたどったのに対し、双弓類の脳はＤＶＲの形成と大型化・精密化という発達によって同様の進化をなしてきたということです。

このように脊椎動物における脳の発達は、ヒトを代表とするほ乳類と、ある種の鳥類（特に、オウムやカラスなど）で、それぞれ別に独特のかたちで進んできましたが、いずれにしろ、情報処理の器官としての脳は、大きなエネルギーを消費します。ヒトは成人１人あたり、全体として１００ワット程度のエネルギーを消費しますが、体重の２％の重量しかない脳は、そのうちの約20ワットを消費しています。ヒトは生まれつき「頭でっかち」です。ヒトの新生児の脳は、チンパンジーの新生児の脳の２倍の大きさを持ちます。しかも、ヒトの新生児は成人と比べると体の重さは５％程度ですが、脳は30％以上の大きさを持っています。ということは、おとなになるまでに脳が３倍の大きさになるわけで、生まれも育ちも「頭でっかち」としか言いようがありません。さきほども記したように、成人の脳のエネルギー消費は全身の20％程度ですが、新生児では75％近くにもなります。新生児がそんなに脳を使っているわけではないと考えられるので、これは将来、脳を大活躍させるために、脳の成長・発達に多くのエネルギーを投入しているということになるでしょう。

つけ加えると、他のほ乳類あるいは他の霊長類と比べても、ヒトの脳は大きさの差以上に、大脳の中の言語の能力と結びついた部位の発達が著しいことが知られています[※6]。

ようやく、あらためて睡眠についてお話しする準備ができました。ヒトも鳥類も突出して発達した脳を持ち、特徴的な「脳波睡眠」をします。ならば、眠っている間の脳では何が起きているのか。

第1章でも大枠だけは紹介しましたが、ここまでに蓄えた知識と認識で、さらに詳しく見ていくことにしましょう。

※1　ここでの"possum"は略語です。なお、オーストラリアやニューギニアなどにもポッサムと呼ばれる有袋類がいますが、これはまったくの別種です。

※2　最近の研究では、は虫類、さらには魚類でも、レム睡眠とノンレム睡眠にあたると考えられる脳の状態が確認されるようになっています。この本でも第4章では、ほ乳類や鳥類からさらに大きく範囲を広げて、動物たちの「睡眠」を考えていきますが、その土台づくりのためにも、ここではひとまずほ乳類と鳥類に絞って、お話ししていくことにします。

※3　ひとつひとつの椎骨の腹側の部分には円柱状の頑丈な椎体という構造が見られますが、この椎体についても、サメやエイ（軟骨魚類）と、ほとんどの魚が含まれる硬骨魚類と呼ばれるグループ、そして陸生の脊椎動物でそれぞれ独自に進化したことがわかっています。

※4　カナリアなどの「鳴禽《めいきん》」と呼ばれる鳥たちのオスは、繁殖期になると盛んに鳴いてメスにアピールしますが、この鳴き声は学習によって身につけています。そして、彼らは「歌」を覚え、それを披露する時期になると、脳の「歌」と結びついた部位が発達することが知られています。その期間だけ、神経細胞が増えて「歌」中枢が大きくなるのです。しかし、シーズンが去ると、「歌」中枢はまたしぼみます。
なお、これはいささかせつない話ですが、ヒトの脳は誕生後も成長を続け、25歳くらいで最大となりますが、その後の数十年で100g程度縮むことが知られています。ヒトという種の進化の歴史の中での脳の大型化を考えると、3万年前の状態に戻ると言ってもよいでしょう。もっとも、わたしたちとは別種であるネアンデルタール人だけでなく、4万年ほど前のクロマニヨン人（現代人と同種）と比べても、現在のわたしたちの脳の平均サイズは小さいとされており、脳の大きさだけで一概に「脳力」を語ることはできないようです。

※5　ほ乳類での脳のはたらきの向上につながった大脳皮質の新皮質は、両生類から枝分かれした（ほ乳類とは虫類の系統が分かれる手前の）祖先の背側外套に由来すると見なされています。一方、この共通祖先にも小規模なＤＶＲがあったと考えられていますが、この部位は現生のほ乳類では視床外側新皮質（ヒトでは聴覚や味覚、情動に関わる側頭葉にあたる）になっているという考え方と、記憶や同じく情動に関わる扁桃体になっているという考え方があり、いまだ探究と議論が続いています。

※6　ことばの問題は、第5章で夢との関係でも考えてみたいと思います。

2 あなたが寝ている隙に

死ぬほど眠い、死ぬほど食べたい

ここまでのお話から、眠らなければ害があるのは明らかです。第1章で紹介した、連続264時間という断眠の世界記録をつくったランディ・ガードナーも、断眠2日目から目の焦点が合わなくなり、4日目を越えると、幻覚・妄想、そして、何を言いたいのかわからないような発話をするなどの現象が見られました。これは断眠による障害ないしは症状と言ってよいでしょう。断眠4日目では泥酔状態に近くなると言います。[※1] それどころか、たったひと晩の徹夜でも、ビールの大びん1本を飲んだくらいのレベルで判断力が下がると言われています。

かつて行われたラットを強制的に断眠させる実験のお話もしました。断眠したラットは盛んに餌を食べ続けながらも、平均16日、およそ3週間以内で死んでしまったのでした。いくら食べても衰弱していき、そこに栄養を吸収して健康を保つ機能の故障が考えられるわけですが、食欲が異常に増している状況は、生きものとして異常な状態なのだとも考えられます。「元気に食べてちゃいけないのか。まさか覚悟を決めた最後の晩餐《ばんさん》なのか」などと思ってしまいますが、もちろん、そういうことではありません。健康な成人を対象に睡眠時間を制限した結果によると、血液中に食欲を増進するホルモンであるグレリン（成長ホルモンでもあります）が増し、一方で満腹感に関わるホルモンであるレプチンが減って、食欲が増すことがわかっています。おそらく、睡眠不足での消耗に対してエネルギーを補給しようという体の反応なのでしょうが、異常事態であり体の危険があるからこそ、食欲が高まることもあるのだとわかります。

そして、これらのホルモン（グレリンとレプチン）がはたらきかけるのは、脳の奥の視床下部であることが知られています。他にも睡眠制限は、血圧の上昇や血糖値のコントロールの乱れなどにつながることがわかっていますが、こういった調整機能も脳と結びついています。

以上から、睡眠は脳を中心とした体の休息と回復のために行われると言えますが、すでに何度か記しているように、睡眠時には特別な脳波の状態が見られるので、単なる休息とは異なります。そこに「動物にとって睡眠とは何か」の根本を考えるカギがあるように思われます。

生物とは、ある意味で自分（個体）が生き延び、少しでも多くの子孫（自己の遺伝子のコピーの担い手）を残すことを目的に進化してきたシステムととらえられます。それならば、休息はよいとして、脳が外界から切り離されて、あたりへの警戒を怠ることになる睡眠は危険なのではないかと記しましたが、食べものや配偶者（子孫を残すパートナー）を探す時間が減るのも不都合であるように思われます。１日に6時間眠るとして、それは1日の４分の1を眠って過ごすことになります。

アメリカウズラシギという鳥は、いわゆる一夫多妻型の繁殖を行い、繁殖期にはオスは１羽でも多くのメスと交配しようと努めます。発情したメスを探しては、胸をふくらませて、独特の羽の模様をつくるという求愛行動をとります。ある研究によると、この時、19日の繁殖期の間で、１日の90％以上を活動し続けたオス（いわば「無休オス」）だけが2羽以上のメスとの交配に成功しており、繁殖の結果を見ても、４羽以上の子をなしたオスの80％は無休オスで、７羽以上の子をなしたのはすべて無休オスでした。アメリカウズラシギのオスは極端な例でしょうし、まったく休まないのは無理でも、ぐっすり眠るなんてもったいないじゃないか。考えれば考えるほど、そう思えてきます。

しかし、アメリカウズラシギの無休オスもまったく眠っていないわけではありません。1日の95%以上を活動時間にあてていたオス個体を調べてみると、1日あたり合計1時間程度は静止しており、脳波を測定すると、この時に数秒の短い眠りを繰り返しています。眠り方まで忙しげですが、それでも単なる休息ではなく睡眠をとるのです。睡眠には、おそらくは特に脳に対して、特別な効用があるとしか考えられません。

かつて、夢は睡眠中に、知らず知らずに外部の刺激を取り込んで行われる精神活動であると考えられていたことがあります。人間の認識の問題を深く探究した、フランスの哲学者アンリ・ベルクソンも、睡眠中の外部からの刺激が網膜に像をつくり出すのが夢なのだと考えていたようです。しかし、現在ではこの考えは否定的にみられています。夢はもっぱらレム睡眠時に生じているわけですが、その際、骨格筋の弛緩が起こっていたことを思い出してください。そういう筋肉の弛緩は耳の中でも起きています。外界からの音は耳の鼓膜を震わせますが、この振動が内耳の[※2]蝸牛《かぎゅう》を経て、聴神経から脳へと信号が送られて聴覚が成り立ちます。そして、鼓膜と蝸牛の間には耳小骨という3つの小さな骨の連なりがあり、これが糸電話のように振動を中継します。しかし、睡眠中にはこの耳小骨の連なりをかちんと整える（いわば糸電話の糸をピンと張る）筋肉が弛緩し、振動の中継が弱まるのです。また、まぶたが閉ざされているだけでなく目の瞳孔も縮小し、光の侵入を妨げています。[※3] つまり、外部の刺激や情報が脳に伝わりにくいように、さまざまな制限や遮断が行われており、このような脳と外部の切り離しこそが、単なる休息とは異なる睡眠の大きな特徴と言えるのです。では、こうやって外界と切り離された脳では何が起こり、どうしてそれがわたしたちが生きる上で必要になっているのでしょうか。

徹夜、何ばしょうとかね

お話を続けます。１９９３年にアメリカ政府諮問委員会は『目覚めよアメリカ：国家的睡眠の危機』という報告書を出しました。これによると、１９７９年にペンシルバニア州のスリーマイル島原子力発電所で給水ポンプの故障がもとで炉心が溶けて放射性物質を含む汚水が流れ出した事故や、１９８９年にアラスカ沖でタンカーが座礁《ざしょう》し原油が流出した事故などでは、スタッフの気力に頼り、睡眠不足につながる無理なスケジュールで行った作業が人為的なミスとなって事故を引き起こしたり悪化させたりしたとされています。１９８６年にアメリカのスペースシャトル「チャレンジャー号」が打ち上げ直後（70秒ほど）に爆発し乗組員7名が死亡した事故でも、長時間の睡眠不足のまま働いていたスタッフが機体の整備不良を見落としたのが原因とされています。日本でも、睡眠障害などの研究をしている内山真らの試算では、睡眠に関わる事故や医療費によって年間３兆円程度の経済的損失が起こっていると考えられています。

内山は、大脳が発達した恒温動物であるほ乳類の１種としてのヒトが、その生理的必要性を軽視して睡眠不足を続けることで、いわば「内なる進化との戦い」が起こっているのだと指摘しています。[※4]

「コラッ　鉄矢　何ばしょうとかね」

ドラマの金八先生役でも知られる歌手の武田鉄矢は、フォークグループ・海援隊として、故郷の福岡県（博多）の方言を交えながら、母親との思い出を歌っています（『母に捧げるバラード』）。これは、愛のある叱言《こごと》と言うべきものですが、鉄矢ならぬ徹夜も「何ばしょうとかね」（いったい何をしているんだ）と言われそうなことのようです。

試験の前、準備不足で焦りながら「とにかく徹夜して覚えればなんとかなるんじゃないか」とがんばってみたことがある人は多いでしょう。前のパートで紹介した、繁殖期のアメリカウズラシギのオスなどを思い起こすと、それはそれでよいようにも思われます。

しかし、この作戦はヒトに関する限りは「内なる進化との戦い」になってしまうようです（つまり、あまり勝ち目がないということです）。スポーツや楽器の演奏などで、がんばって練習しても、その場ではなかなか上達しないことがあります。くやしいなあと思いながら、しかたがないので寝ると、なぜか翌日には前の日よりうまくできたりします。ところが、一所懸命に練習したり勉強したりした後、この調子や知識を忘れちゃいけないと徹夜した場合、6~8時間、しっかりと睡眠をとった人よりも練習や勉強の効果が定着しないのです。なんだか、楽をした方が得をするみたいな感じにもなりますが、そもそも練習や勉強をすることが前提なので、ちゃんと眠れた人は前もって計画的に進めていたからこそ、眠る余裕があったと言えるでしょう。ちゃんと眠るのも努力のうちなのですね（わたしも締め切りぎりぎりで原稿を書くのはやめなくちゃなあと思うんですが）。

では、一見魔法のような睡眠の効果は、どのようにして起きるのでしょうか。

まずはノンレム睡眠です。わたしたちの脳はたくさんのしわを持っています。「脳のしわが多いと賢い」というのは単純すぎて疑わしいのですが（睡眠の研究者・櫻井武によります）、このしわの意義のひとつは、脳内の連絡をつくるべき場所を近づけて、連絡をたやすくすることだと考えられています。紙に２つの点を書いて互いに結んでみましょう。あなたならどうしますか。定規で線を引くのも手ですが、いっそ紙を折りたたんだら、一気に点と点を重ねることができますね。脳はこうして、あちこちでつながりあいをつくることで複雑な処理を可能にしています。しわといった大きなレベルだけでなく、こうやって日常生活を送っている間にも、脳内では常に神経どうしの新しい連絡が生まれています。

しかし、たまたまできた神経どうしのつながりが常に役に立つものであるとは限りません。試しにつなげてみたけれど、これはあまり必要ないなという場合もあるでしょう。逆に、有効性の高い結合は強められるべきです。このような神経どうしの結合の整理が行われるのが、ノンレム睡眠の間であると考えられています。

記憶には、ことばで内容を説明できるもの（宣言的記憶）と、それが難しいもの（非宣言的記憶）があります。わたしたちがふだん記憶と呼ぶのは、たとえば、「先週は図書館に行った」といったエピソード記憶や、そこで借りた眠りに関する本から得た「睡眠は脳波で判定される」という知識（意味記憶）などでしょう。これらは宣言的記憶に分類されます。一方、楽器の演奏やスポーツなどの技能のような、一度できるようになると意識しなくてもでき、長期保存されるような記憶は、非宣言的記憶の中の「手続き記憶」と呼ばれるものに分類されます。宣言的記憶は、記憶する人の気分や集中力に左右されやすく、また、集中力の度合いは睡眠量に影響されるので、睡眠と記憶の関係の研究には、主に手続き記憶が用いられます。そして、ここまでに述べた例からも、睡眠が脳内での手続き記憶の整理・定着に有利にはたらき、結果として、きちんと睡眠をとった方が手続き記憶が向上するのだと考えられるのです。

さらに、脳組織にはリンパ系は存在しませんが、脳細胞の隙間を満たす脳脊髄液と呼ばれるものが流れています。まず、リンパ系と、そこを流れるリンパ液について説明しましょう。体の各所に必要なものを運び、あるいは不要なものを受け取るはたらきをする存在としては、真っ先に血液が思い浮かびますが、リンパ液も重要な役目を担っています。リンパ液はもともと、血液の中の血しょうという成分が各組織で血管からにじみ出したものです。にじみ出した血しょうの多くは組織に酸素や栄養を与えた後に、再び血管に戻りますが、この時に残されたものが組織液と呼ばれます。全身の細胞の多くはこの組織液にひたされた状態にあると言えますが、組織液のさらに一部がリンパ管に入り込んで、血液の循環とは別に静脈に戻っていきます。これがリンパ液ということになります。血液は心臓を動力源に循環していますが、リンパ液が流れるリンパ管は体のあちこちで細い網の目のように始まり、しだいに合流して、最後は静脈にゆっくりと流れ込みます。ふだん、自分の体をかちんとしたまとまりのようにイメージしている方も多いと思いますが、こうやって組織液が細胞の間を満たし、移動しているさまを思い描くと、わたしたちの体は、実はとても「みずみずしい」のかもしれません。

リンパ液は、いわば血液からこぼれ落ちた水分の回収に役立っている他、小腸の組織液に由来するリンパ液は小腸で吸収された脂肪を運ぶはたらきもしています。また、リンパ液は組織内を通過しながら老廃物などを洗い流します。この点に注目するなら、リンパ系は組織をクリーニングするシステムなのだと言えるでしょう。

そこであらためて、脳の問題です。リンパ系はほとんどの臓器に存在しますが、骨などとともに脳のような中枢神経系には存在しないとされています。その代わりをしているとみなされているのが脳脊髄液です。

脳の周囲では、グリア細胞と呼ばれるものが脳脊髄液の循環を促す血管周囲腔という構造をつくっています。いわば、脳脊髄液が流れる水路です。そして、この脳脊髄液が脳に栄養を与えたり老廃物を引き受けたりというはたらきをしています（これを「グリンパティックシステム」と呼び、２０１２年にその存在が示されました）。そして、ノンレム睡眠中にはこの血管周囲腔の中が広がって脳脊髄液が流れやすくなり、いわば脳をきれいに洗い流すことがわかっています。よく、いろいろな仕事や義務を離れ、ひととき思いきり遊ぶことを「いのちの洗濯」と言いますが、ノンレム睡眠は、脳が外界から切り離され、必要最小限以外の機能がおさえられて、脳脊髄液で洗濯されるひとときととらえることができるのです。たとえばマウスの実験では、断眠により、脳内で記憶を司る海馬という部分にアミロイドβという物質がたまります。このアミロイドβは、アルツハイマー病の原因となります。アルツハイマー病は、記憶や思考能力がゆっくりと失われ、最後にはごく単純な日常生活さえ行えなくなる病気で、その症状は後戻りすることなく進むとされていますが、グリンパティックシステムはこのアミロイドβも洗い流して、残存を少なくしてくれると言われています。

一方、レム睡眠の効用についてはまだわかっていないことが多いのが現状です。レム睡眠の脳波の状態は盛んな活動状態を示し、時には覚醒時に難しい数学の問題を解いている時のそれに似ていたりもします。しかし、レム睡眠はノンレム睡眠より「浅い」と量的にだけとらえるのは不適切でしょう。たとえば、運動に結びつく筋肉の弛緩で言えば、レム睡眠こそが緩みきった状態であると言えます。ヒトの脳の活動をパソコンにたとえるなら、インターネット（外界）につながって盛んに使われているのが覚醒状態であり、文字通りのスリープ・モードで必要最小限の活動機能だけを残し、メンテナンスに努めているのがノンレム睡眠ということになるでしょう。そして、レム睡眠は、パソコンをインターネットにつながずに、しかし、オフラインであれこれの作業を行っている状態にたとえられそうです。

では、レム睡眠の際に脳内で進められているのは、どのようなことなのでしょうか。夢はレム睡眠の間にあらわれることから、[※5]かつてはレム睡眠において夢を見ながら覚醒時に得た記憶などを整理しているのではないかと考えられていました。しかし、このような記憶の整理と定着は、少なくとも神経のつながりという点ではノンレム睡眠の役割と考えられることはすでにお話ししました。

睡眠時には、目や耳などの感覚器から神経を通して伝わる外界の刺激を受け取る視床と、その先の脳の連絡が遮断されて、脳と外界が切り離されます（逆に、脳から全身の筋肉へ運動に関する情報を送る神経のはたらきは、脊髄のレベルで遮断されます）。その状態での脳に一見不思議で盛んな活動がみられるのがレム睡眠です。アメリカのディスクジョッキーのピーター・トリップは、1959年に小児マヒの救済活動の募金をアピールするために、9日間の「不眠マラソン」を行いました。その後にとった睡眠で、彼には、ふだんよりも非常に長いレム睡眠が検出されました。また、睡眠中の人の脳波を観察し、レム睡眠に入ったところで起こすことを繰り返すと、睡眠の最初に見られるノンレム睡眠が短縮し、できるだけ早くレム睡眠に移ろうとするような「レム・リバウンド」という現象が観察されています。そして、3日間ほどレム睡眠の妨害を続けると、ノンレム睡眠をほとんど経ないで、すぐにレム睡眠に入るようになります。これではノンレム睡眠が担う脳のメンテナンスが行き届かず、結果として断眠させているのと同じになってしまいますが、それでもなお、動物の体はレム睡眠を行うように調節がなされるのです。

現在では、レム睡眠の間に、記憶の重みづけが行われるのではないかと考えられています。ノンレム睡眠では、脳の神経の結合が整理され、記憶の定着が行われていると記しましたが、もちろん、脳の中に不思議な小人がいて、選別作業をしているわけではありません。どうやら、レム睡眠の間にノンレム睡眠による整理・定着の下準備としての記憶の選別が行われているようなのです。

さらに、レム睡眠時には心臓の鼓動・呼吸などをコントロールする自律神経系に大きな変動が起きていることが知られています。レム睡眠時には、神経による呼吸数・心拍数・体温などの調節機能が弱まり、上下の変動が大きくなります(体温低下はノンレム睡眠時にも起こります)。ここから、自律神経系の要となる視床下部のはたらきのメンテナンス（自律神経系のコントロールの役目を緩めての整備）も、レム睡眠の間に行われているのではないかと考えられています。これからの探究で、これらの考えが吟味され、レム睡眠に関する、さらに細かなメカニズムの解明とその意義の考察が行われていくことでしょう。

寝るなの一斉メール

「なぜエベレストに登るのか。そこにエベレストがあるからだ」

イギリスの登山家ジョージ・マロリーは、あるインタビューでこう答えていますが、それで言うならば「なぜ眠るのか。そこに眠気があるからだ」というのが、いまのところの睡眠の科学の確実な共通認識と言えるでしょう。つまり、睡眠がどんな効用を持つのか（睡眠の理由）の具体的な事実がすべて解き明かされたわけではないのです。さらにはそもそも、なぜ眠くなるのか（睡眠＝眠気の原因）もわかっていないことがいろいろあります。

スイスの哲学者カール・ヒルティには『眠られぬ夜のために』という有名な著作があります。そこでは「薬に頼って眠るのはよくない」と記されています。ヒルティは眠りが心や体の健康にとって大切であることを強調するとともに、どうしても眠れないなら、それをも貴重な機会として、いろいろな考え（思索）を深めるべきだと述べています。そのための導きとなるように一日一節ずつ読む形式で書かれたのが、この本なのです。ヒルティはキリスト教に対する深い信仰を持っていたので、眠れないことも「神の与えてくれたひととき」として味わうべきだと考えたのでしょう。

しかし、現在では覚醒や睡眠には文字通り、物質的な基盤があると考えられています。つまり目が覚めているのも眠くなるのも、脳の中での物質のはたらきによるのだということがわかってきたのです。特に覚醒については、その物質的なしくみはかなり細かくわかっています。

第1章でもご紹介したように、1920年前後のヨーロッパではウイルスによると思われる脳炎が流行しました。しかし、なぜかその患者は、こんこんと眠り続ける者（嗜眠《しみん》症状）とひどい不眠を訴える者に分かれていました。この脳炎で亡くなった患者の脳を調べたオーストリアの神経学者コンスタンチン・フォン・エコノモは、どの患者でも脳内の視床下部に病におかされたしるしがあるのを確認します。ヒト（ほ乳類）の脳の一番内側には脳幹（中脳・橋・延髄）があり、延髄が脊髄につながっています。そして、脳幹の延長にあるのが間脳です。しかし、嗜眠性の患者の異常が視床下部の後部にあったのに対して、不眠症状を示していた患者では視床下部の前部に異常がみられました。この発見がもとになり、視床下部の前部の視索前野と呼ばれる部位が睡眠をつくり出し、一方で視床下部の後部の神経では覚醒状態を保つ物質がつくられていることがわかってきました。これらの視床下部での物質的な変動が脳幹に影響して、脳幹が脳全体を活気づけるようにはたらくなら覚醒状態が維持されます。覚醒は外部からの刺激への直接の反応というよりは、脳内の各部位によるはたらきあいでつくり出される。そう言ってよいでしょう。

視床下部から脳幹を経て、脳全体の覚醒が維持される物質の流れのあらましを見てみましょう。視床下部の後部ではオレキシンとヒスタミンという脳性物質がつくられます。まず、オレキシンをつくる神経細胞がはたらき、このオレキシンがヒスタミンをつくる神経細胞を刺激するとともに、脳幹にもはたらきかけて、セロトニン、ノルアドレナリン、ドーパミンといった物質の生成につながります。また、オレキシンは直接、大脳皮質にもはたらきかけていることが知られています。そして、これらの物質のはたらきが脳全体を覚醒状態にしているのです。[※6] ヒスタミン、セロトニン、ノルアドレナリン、ドーパミンなどはひとまとめに「モノアミン」と呼ばれますが、これらの物質は緩やかに、しかし、持続的にはたらくことが知られています。また、モノアミンを分泌する神経細胞が他の神経細胞と接する部分はたくさんの数珠《じゅず》のようなふくらみを持っていて、広い範囲の神経細胞に影響を与えるようになっています。このようなモノアミンのはたらきは、いわば関係する部位全体に「一斉メール」を出すようなものだと言えるでしょう。

覚醒剤は丸太のまくら

人々が常に睡眠不足[※7]を抱えながら必死に働いていると言ってよい現代社会では、ついつい「薬の力に頼ってでも目を覚ましていたい」という思いにとらわれるのも無理はないでしょう。そこに組織的な犯罪がからんで、深刻な状況となっているのが、覚醒剤（メタンフェタミンなどの中枢神経刺激薬）をめぐる問題です。ここまでお話ししてきたように、脳の覚醒は物質的な基盤を持ちますが、だからこそ、それを薬でコントロールする際には、医師による適切な判断や管理が必要なのです。そして、多くの覚醒剤は、覚醒物質であるモノアミンを増加させるようにはたらきかけます。典型的なものとしては、覚醒剤によるドーパミンの増加があげられます。神経細胞から分泌されたドーパミンなどのモノアミンは、正常な状態なら再び神経細胞に取り込まれるしくみがはたらいて、過度に脳内（神経どうしのつなぎ目であるシナプスの間）に蓄積されることはありません。しかし、ある種の覚醒剤はこのようなモノアミンの再吸収を妨げ、結果として、脳内にいつまでも覚醒物質がとどまり、強い覚醒作用がもたらされることになります。

けれども、これはあくまでも薬で引き起こされる状態で、大きな危険をはらんでいます。あらためてドーパミンについて見ていくと、ドーパミンはわたしたちの脳に一種の快感を呼び起こします。最近の研究では、思いがけずよいことがあった時や、そういうよい成り行きが予測されると、脳内でのドーパミンの分泌が増えるのではないかと考えられています。[※8]つまり、覚醒剤でドーパミンの作用が強まると、別に実際の身のまわりで何かが変わったわけでもないのに、わけもなく気持ちよくなってしまうということです。そして、ここに動物としてのわたしたちの学習能力がはたらきます。わたしたちは、特に意識することがなくとも「こうやったら気持ちよかった（いいことがあった）」という行動を強化するようにできています。覚醒剤によるドーパミンの快感もまた、覚醒剤の摂取を強化します。そして、しだいにそれ（覚醒剤の摂取）によってしか同じような快感を得られなくなり、どんなことをしてでもその行動を繰り返そうとするようになってしまいます。覚醒剤は中枢神経を刺激する薬物であり、その中毒の構造は、以上のようなものなのです。

脳内の覚醒物質は脳全体に幅広く伝わります。覚醒剤は、本来なら睡眠につながるような状態にある脳を強制的に、そして強力に覚醒させます。いわば、長い丸太のまくらに連なって眠っている脳の各部位を、丸太を叩いて一気に起こしているようなものです。この無理やりの覚醒が「快感」につながってしまうのが、覚醒剤のおそろしさと言えるのです。

「あなたが私にくれた　愛の手紙　恋の日記
それのひとつひとつのものが　いつわりのプレゼント」

これは『砂に消えた涙』という歌の歌詞ですが、後から根拠のないいつわりだったとわかってさびしい後悔の涙を流すことになったとしても、人をとらえて放さないのが、中毒性物質の持つ怖さです。※9

睡眠と覚醒、世界中のだれもがシーソーゲーム

すでにお話ししたように、視床下部の視索前野は睡眠と深く関わっています。深いノンレム睡眠では脳全体の血流が低下して、脳幹をはじめ脳の多くの部位の活動が著しく下がります。しかし、このようなノンレム睡眠の間も視索前野は活発にはたらいていることが知られています。視索前野こそが睡眠をつくり出しているとも考えられ、視索前野は「眠らせる脳」と呼ばれることもあります。

一方でレム睡眠の際には、大脳辺縁系（大脳皮質の内側部分）の海馬や扁桃体と呼ばれる部位の活動が高まることが知られています。海馬は記憶を仕分けて、大脳皮質のあちらこちらに長期記憶として保存させる役割を持つと考えられています。[※10]また、扁桃体は外界からの感覚刺激を受け取って、それを記憶や本能的なものと照らし合わせながら「好き・嫌い」を判別しているとされます。[※11]外界からの刺激が大きく制限された睡眠の中でもこれらの部位が盛んにはたらくことで、覚醒時の体験の仕分けやすでに脳内でつくられているあれこれの神経の連絡のうち、有効なものは残され、その他のものは外されていく（刈り込み）、そんな整理がはたらいています。

さて、そんなレム睡眠では、脳幹の橋と呼ばれる部位の活動も盛んになっていることが知られています。そして、この部位の神経細胞ではアセチルコリンと呼ばれる物質がつくられています。脳が覚醒している時には、モノアミンと総称される脳内物質（ヒスタミン、セロトニン、ノルアドレナリン、ドーパミンなど）がはたらいているのは前のパートでお話しした通りですが、同時に脳幹の橋からのアセチルコリンも盛んに分泌されています。しかし、睡眠中にはモノアミンのはたらきはおさえられます。同時にアセチルコリンのはたらきもおさえられるなら、脳は全体として深い休

息状態となります。これがノンレム睡眠です。しかし、レム睡眠の時にはアセチルコリンは大脳皮質を活性化し続けます。この活性化は、覚醒時とはちがうパターンであると考えられていますが、モノアミンがはたらいていないので、意識に関わる部位（大脳皮質の前頭前野など）は機能が低下したまま、睡眠は維持されています。[※12]

こうして見てくると、わたしたちの脳にとってはモノアミンもアセチルコリンもはたらいていない時こそが睡眠状態なのであると考えられます。そして、モノアミンの分泌はオレキシンのはたらきかけで引き起こされるので、オレキシンこそが覚醒を司る物質であるということになるのです。

では、オレキシンの分泌はどのようにしてコントロールされているのでしょうか。オレキシンの分泌の活性化には3つの要素が関わっていると考えられています。ひとつは体内時計です。わたしたちの体はおおよそ25時間の周期でさまざまな活動が高まったりおさえられたりすることが知られています。これが体内時計です。朝になるとオレキシンの分泌が盛んになり覚醒が促されるのは、この体内時計のはたらきです。[※13]シンガーソングライターの井上陽水は『東へ西へ』という歌で「目覚し時計は母親みたいで心がかよわず」と歌っています。この歌を作った時、井上陽水はまだ20代の前半で、この歌詞には、タイムスケジュールを含めての世の中のしくみになかなかなじめない、おとなになりかけの若者の思いがこめられているように響きますが、日々のリズムを刻む根本の時計は、目覚まし時計や口やかましい母親のようなものではなく、わたしたちの体の中に組み込まれているのです。

オレキシンの分泌につながる要素の残り2つは、心の高ぶりと空腹です。実際、オレキシンが分泌される部位（視床下部の後部）は食欲を司る中枢（摂食中枢）ともなっており、オレキシンは最初、食欲に関する脳内物質として発見されました。覚醒と食欲の中枢は重なるのです。胃が空になるとグレリンというホルモンが分泌され、これに視床下部の後部が反応してオレキシンの分泌が高まります。血液中のグルコースの濃度(いわゆる血糖値)が下がっても同様の反応が起きます。「もっとしっかり目を覚まして餌を探せ」といったところでしょうか。

そして、もうひとつ、「睡眠負債」と呼ばれるものが注目されています。この章の前の方で「なぜ眠るのか。そこに眠気があるからだ」と記しましたが、ヒトはとにかくずっと起きているといずれは眠くなります（※12のうつ病の「覚醒療法」なども思い合わせてみてください）。この時、オレキシンやモノアミンの分泌がおさえられますが、さきほど説明した食欲との関係で言うと、血糖値の上昇は視床下部後部のはたらき（オレキシンの分泌）をおさえます。同様に、食事によって脂肪が吸収され、脂肪細胞と呼ばれるものの中に蓄えられると、脂肪細胞はレプチンというホルモンをつくり出し、これも視床下部後部のはたらきをおさえます。[※14] 満腹になると眠くなるのには、こうした反応が関係しているのではないかと考えられていますが、ヒトは満腹でなくとも眠くなります。そして、このようなひとまず食欲とは別ルートでの、視床下部の後部からのオレキシン分泌の抑制(覚醒物質の低下によって眠気につながる）には、同じ視床下部の視索前野から分泌されるGABA（ガンマアミノ酪酸）という脳内物質が直接的に関わっていることが知られています。[※15] このGABAのはたらきによって、視索前野は「眠らせる脳」と呼ばれるわけです。

では、このGABAを分泌させるしくみはどうなっているのかというと、これがよくわかっていないのが現状です。ともあれ、ずっと覚醒状態が続くと、何かのしくみでGABAが分泌されるのはまちがいありません。それを「借りが積もったら返さなければならない」という流れととらえて表現したのが睡眠負債です。覚醒していることが何かの負担の積み重ねとなり、それを清算するためにＧＡＢＡを中心とする何かのしくみが、わたしたちを睡眠に導くのだということです。現在、脳や睡眠の研究者がその細かなしくみ（脳内でどんな物質がどのようにはたらいているか）を明らかにしようと努力しているのです。

いまわかっている範囲で述べるなら、長時間の断眠をさせたイヌの脳脊髄液を取り、これを別のイヌの脳内に投与すると、投与されたイヌは睡眠不足でなくても眠ってしまいます。ここから、覚醒状態が続くと脳脊髄液に何らかの物質が蓄積され、その作用で睡眠へのメカニズムがはたらくのではないかと考えられます。この「睡眠物質」の正体があれこれと探究されているのですが、いまのところ、脳をおおっているやわらかい膜であるクモ膜でつくられるプロスタグランジンＤ$_2$や、この物質が脳脊髄液を経て、前脳に運ばれることで分泌が促されるアデノシンが、中心的なはたらきをする睡眠物質なのではないかと考えられています。特にアデノシンは、視索前野の神経に直接はたらきかけるので注目されています。

しかし、マウスの遺伝子を操作して、視索前野がアデノシンに反応しない個体をつくっても、やはり、そのマウスはほぼ正常に眠ります。睡眠がとれないと生命の維持ができないので、このマウスでは何か別のしくみがはたらくように変化が起きているのかもしれませんが、このような実験からはアデノシンのはたらきだけで眠気を説明するのは難しいことがわかります。

詳しくは次の章で扱いますが、大脳皮質はいくつものパートに分かれており、睡眠についてもその日の覚醒時によく使われた部位ほど、深く眠るようになっていることが知られています（ローカル・スリープ）。このような現象は脳全体としての睡眠物質の蓄積といったものでは説明できず、大脳皮質の各パートが使われることで脳の神経自体に何か質的な変化が起き、それが眠気に結びつくとともに、睡眠の中でこの質的変化の修復が行われるのではないか、とも考えられるのです。

なお、逆に覚醒物質であるオレキシンをつくる遺伝子が欠損するように操作したマウスでは、活発に毛づくろいなどをしていたマウスが、突然ばったりと倒れるように眠ってしまうことが知られています。この発見が、最初は食欲に関わる脳内物質として研究されていたオレキシンが、覚醒状態の維持について重要な役割を果たしていることの発見につながったのですが、これはヒトのナルコレプシーという病気の症状と一致します。

睡眠不足のままで会議や授業などを聴いていて、つい眠ってしまうといったことは健康な人でもありますが、ナルコレプシーの人は、たとえ自分が報告者でも突然に強い眠気に襲われて、ばったりと眠ってしまったりするのです。また、「情動脱力発作（カタプレキシー）」と言って、主にうれしかったり、何かおかしいことがあって笑ったりといった、健康な人ならばむしろ意識がしっかりとしそうなポジティブな感情の状態になった時、なぜか突然、全身の筋肉に力が入らなくなるのもナルコレプシーに特徴的な症状です（驚いたりした時にも起こりやすいと言われます）。

もうひとつ、「入眠時幻覚」という症状もあります。そのような症状を持つ人は眠りに落ちた直後に夢を見るのですが、これが非常に鮮明な夢で、本人が何か現実で夢のできごとを経験しているような感覚に陥り、たとえば「部屋のすみに幽霊が立っている」とか「空を飛んでいる」とかいった幻覚にとらわれることもあると言います。オレキシン欠損マウスとの関連で、この入眠時幻覚も注目されています。一般にわたしたちの健康な睡眠は、まずは60分以上の長いノンレム睡眠から始まり、夢につながるレム睡眠はその後に訪れます。しかし、オレキシン欠損マウスでは、倒れるように眠ったとたんにレム睡眠に入ってしまいます。この場合、大脳はまだ覚醒物質であるノルアドレナリンやセロトニンの影響を脱しきっていないので、少なくとも人ならばそこで見る夢が、まるで現実のような生々しさで感じられるだろうと考えられます。こうして覚醒物質としてのオレキシンの発見そのものから始まった研究により、現在ではナルコレプシーの患者の90％以上で、オレキシンをつくる神経細胞の異常や欠落が確認されています。

覚醒と睡眠をめぐって、さまざまな脳内物質のはたらきを見てきました。これらについての研究は、睡眠をめぐる医療に直接的な影響を与えています。

以前から使われてきた睡眠導入剤（睡眠薬）は、脳の広い範囲でＧＡＢＡのはたらきを高めます。結果として覚醒物質であるモノアミンの分泌がおさえられ、薬を与えられた人は睡眠へと導かれます。睡眠薬による眠りでは、自然な睡眠とはちがう脳波が検出され（脳全体への薬の影響）、薬の服用で認知機能や運動機能に影響が出てしまうことが知られています。たとえば、運動機能をコントロールする小脳も直接にＧＡＢＡの影響を受けるので、覚醒作用をおさえようとする睡眠薬が、小脳のはたらきまで直接的に妨げることになるのです。

また、このタイプの薬をアルコールといっしょに服用すると、アルコールもまたＧＡＢＡの分泌に関わる神経系に強い作用を持つので、睡眠薬とのかけ算的な効果で、さらに深刻な運動機能や認知機能、そして記憶への悪影響が起きてしまいます（酔っぱらうと意識や思考があやふやになり、ふらふらするのはアルコールがこれらの機能に影響している証拠です）。

最近では、オレキシンのはたらきをおさえるタイプの睡眠薬が注目されています。モノアミンよりもさらに手前での覚醒作用を司るオレキシンのしくみに作用することで、より自然で害のないかたちで睡眠へ導ける可能性がひらけつつあるのです。

そしてまた、以上のような直接的な応用を越えて、「眠りとは」という研究は「ヒトの脳とは」「大脳の発達した動物としてのヒトとは」というテーマの探究につながっていくでしょう。この本でも、次章以降はヒトの睡眠との比較でさまざまな動物たちの「眠り」を考えつつ、そこからの照らし返しとして「ヒトの眠りとは、そしてヒトとは何か」について、ささやかながらも探究していきたいと思います。

※1　このような症状自体が、ガードナーの体がなんとか睡眠を確保しようとしていた証しとも考えられます。詳しくは、第3章でローカル・スリープやマイクロ・スリープなどと呼ばれる現象との関係でお話しします。

※2　蝸牛というのはもともとカタツムリという意味です。内耳の蝸牛もカタツムリの殻のような形をしています。

※3　ヘビやヤモリはまぶたを持ちません。代わりに透明なうろこが眼球の表面をおおって守っています。ヘビは全身の皮膚を一気にすっぽりと脱皮するので、脱皮殻を観察すると、この目をおおううろこもわかりますし、脱皮が近づいたヘビは、目（実はそれをおおううろこ）が白く濁って見えます。こんなヘビやヤモリも何らかの意味でわたしたちの睡眠と比較可能な状態を持つのではないかと言われていますが、このような動物たちはまぶたを閉じることはありません（詳しくは第4章で述べます。ヒトをはじめとするほ乳類とは虫類では脳の構造自体にもちがいがあるので、簡単に比べることはできませんが）。「ない袖は振れぬ」と言いますが、「ないまぶたは閉じられぬ」です。それでもヘビを飼育している人などから、ヘビの目が焦点をぼやかしているように見える状態で、じっとしている様子が報告されており、それがヘビの「熟睡」ではないかと言われています。もしもそうなら、目が光を感じる機能を低下させている証しなのでしょう。

※4　徹夜で疲れて帰ってきても、ふだん眠る時間ではない昼間には、なかなか眠れないことがあります。ヒト本来の移動スピードをはるかに超えた飛行機旅行などで時差ボケが起こるのも同じですが、これには体内温度も大きく関係しているとされています。わたしたちは一般に昼間、体内の温度を上げて活動することになじんでいます。裏返せば、この状態では睡眠への移行がスムーズに進められないのです。「え、でも眠くなると体が火照るし、赤ちゃんが眠る前には手足が温かくなるんじゃない」という疑問があるでしょうが、これは脳から体の他の部位に血液が移動し、脳の温度を下げることで睡眠の準備をしているのです。ヒトの成人はひと晩でコップ1杯ほどの寝汗をかくとされますが、これも体温を下げる効果と結びついています。

※5　実際には、脳波の状態から「浅いノンレム睡眠」と判断できる時にその人を起こしても、夢を見ていたという報告が得られることがありますが、その内容は単純で、レム睡眠の時にしばしばあらわれる、豊かで時には不可解なまでに奇妙で魅力的なストーリーが語られることはありません。

※6　風邪薬にはしばしばヒスタミンの作用をおさえる薬物（抗ヒスタミン物質）が含まれています。風邪薬で眠くなるのはこのような抗ヒスタミン作用が関係しているのです。

※7　睡眠時間の長さ以上に、睡眠の質が問題でしょう。「質のよい睡眠」とは、この本でもお話ししている、睡眠をかたちづくるいろいろな要素がバランスよく整っているものと言えます。

※8　たとえば、あるボタンを押すと食べものが出てくるという装置を前にしたサルは、このボタン操作を発見した時に脳内でドーパミンが増加すると言います。そこには、単に目の前に報酬が与えられたという以上のサプライズの感覚や「いいもの（食べものを出すボタン）を見つけた」という将来への期待も含まれていると考えられます。

※9　覚醒剤の中毒が専門の医師などによって精神面のケアを含めて治療するべきものとされるのも、一度中毒になってしまったら自分の意志だけで抜け出すのは、とても難しいからにほかなりません。

※10　海馬はすべての記憶を貯蔵するといったものではありません。ラジオのアナウンサーが「ただいま正午になりました」と言えば、わたしたちはいまが昼の12時だとわかりますが、こういう了解ができるためには「ただいま」ということばを覚えておいて「正午」と結びつける判断が必要です。このほん

の一瞬でも記憶がはたらいているのですが、このような短期記憶は海馬ではなく大脳皮質の前頭葉と呼ばれる部位で行われています。また、本文にも記している通り、長期記憶の保存は大脳皮質のあちらこちらに分散していますが、前頭葉はそれらの記憶を必要に応じて引き出して、いろいろな判断をする部位でもあります。そういう全体の流れの中で、海馬は、いろいろな経験や感覚を長期記憶として蓄えるための下ごしらえのような仕事をしていると考えられています。長期記憶への移行は、その経験をしてから長くて数年くらいの間に行われるとされています。

※11 つまり、扁桃体は「感情」をつくり出すことに大きく関わっていると考えられます。野生に近い状態で生きていた頃から、ヒトは感情に従うことで逃走か闘争かを決めており、そういう「行動の決定」に有利な判断ができた者ほど生き残れたというかたちで、扁桃体のしくみが進化してきたと考えられます。「こころ」にも、環境への適応としての進化の足跡が読み取れるのです。

※12 この時、体温調節のシステムなどもその機能をほぼ停止しているため、睡眠中は体温が下がります。いまから眠ろうとする時に、血液が手足などの末端に集まり、体の深部の温度を下げて、睡眠状態に向かうことはすでにご紹介しました。不眠に悩まされるうつ病の人では、健康な人が徹夜した時と比べても体温が高いことが知られています。つまり、体温を下げて睡眠に入るシステムの不調があると考えられるのです。このため、うつ病の人にあえて徹夜をしてもらうことで体の睡眠を起動するはたらきを呼び起こすという「覚醒療法」も行われています。

※13 わたしたちの体内時計は、より正確には細胞内に組み込まれている「時計遺伝子」のはたらきであることが知られています。時計遺伝子はわたしたちの細胞のすべてにありますが、脳の視床下部にある視交叉上核という部位で、そこに集まる神経細胞の時計遺伝子がひとつに同調し、さらに全身のリズムを作り上げていきます。これが体内時計です。体内時計は、この地球の昼夜のリズム（自転）に適応して進化してきたと考えられますが、直接に明暗に反応しているのではなく、脳内で自律的なリズムを刻んでいるのです。体内時計の周期は実は「おおよそ25時間」なので、実際の1日とは少しずつずれていますが、わたしたちの脳は朝になって強い光を感じると、そこで体内時計を補正して（光に反応して生成が促されるバソプレッシンという物質によります）体のリズムと1日の時間の流れを一

致させます。長距離の飛行機旅行で時差ボケが起きるのは、本来のヒトの能力を超えたスピードで1日のリズム（明るい昼間と暗い夜の繰り返し）がちがう地域に行くことで、外界の変化と体内時計の間の大きなずれが起こり、体が混乱するからです（症状が重い場合は「時差症候群」と呼ばれます）。時差ボケが英語では"jet lag"（ジェット機の調子はずれ）と呼ばれるのも象徴的です。短期間の海外出張でプラスの時差（自分の住む地域より朝が早く来る地域）に行く際は、サングラスを着けるといった対処で帰国後の時差ボケを防げるとされています。昼夜交代のシフト勤務（同じ人が早番になったり遅番になったりする）の場合も、不規則な生活でしばしば睡眠が妨げられますが、遅番が何日か続く時に夜間勤務の室内に日中の屋外と同じくらいの照明をつけるとともに、仕事の後の日中は暗い場所で過ごすと睡眠障害になりにくいことがわかっています。

※14 視床下部には摂食中枢に対して満腹中枢もあり、食欲は摂食中枢と満腹中枢のはたらきのバランスでコントロールされています。この後にお話しするＧＡＢＡという脳内物質の分泌もこれらの中枢のはたらきと結びついており、この節全体を通じてのテーマとして、すべてはバランスなのですが、ここではあまり複雑な説明は割愛して、おおよその流れだけ記しておきます。

※15 視床下部の後部がオレキシンを分泌すると、中脳の黒質と呼ばれる場所が反応し、やはりＧＡＢＡが分泌されて、オレキシンのはたらきが暴走しないようにおさえます。ここにも、わたしたちの体が常にバランスを保とうとするしくみが見られます。

第3章

寝落ちしかねず鳥にしあらねば

1 あたまの寝ぐせ

わたしの中にある鍋とシーソーとバランスボール

単なる休息ではない睡眠は、主に大脳皮質を中心とした神経系の恒常性を担っています。つまり、疲れてしまった神経細胞を回復させて、平常の状態を保つはたらきということです。大脳が発達した動物であるヒトが特に睡眠を必要としているように見えるのも、こういうことから説明できるとされています。しかし、同じように大脳が発達しているゾウは、野生では立ったままで2時間ほどしか眠らないのではないかとも言われています（飼育下では横になる時間を含めて5時間ほどは眠ることが観察されています）。体の大きなゾウでも野生では警戒が必要なのかもしれませんが、ともあれ、その程度の睡眠時間でも生きていけるわけです。あるいは鳥類は、ほ乳類とはちがったたちながら、やはり脳の発達が著しいことが知られていますが（前の章でDVRという虫類的な部位の発達をご紹介しました）、たとえばグンカンドリのなかまは1カ月以上も飛び続けることが知られています。わたしたちの目から見ると、とても身がもつとは思えないのですが、グンカンドリたちがそうやって生き続けている以上、何かそういう生き方を可能にするしくみが進化してきたにちがいありません。

あらためて、ほ乳類を考えると、イルカやアザラシなどは水中生活に適応しているといっても、あくまでも空気呼吸をしなければなりません。このような動物たちはどのように眠っているのでしょうか。アザラシならどこかに上陸しているのかもしれないと想像したりもしますが、イルカではそんなことはないでしょう。こういった問題を考えるにあたって、まず、ヒトでも横になってぐっすりと眠っている状態だけが睡眠ではないというお話をしましょう。

パソコンやスマートフォンでゲームやチャットなどを楽しんでいるうちに、いつの間にか「寝落ち」してしまっていることがあります。あるいは、自動車や電車などの事故の原因として、しばしば居眠りがあげられています。こちらは人命にも関わる大問題です。ここであらためて、自分が寝落ちや居眠りをしてしまう時のことを考えてみましょう。多くの場合、いきなり本格的な眠りに落ちているわけではありません。[※1]なんとなく頭の中がもやもやしてきたり、そのうちにほんの一瞬、ふと意識が遠のいたりします。実はこれらの時に、大脳の一部が睡眠状態になっていたり、大脳全体のごく短い睡眠状態が訪れたりしていることがわかっています。前者をローカル・スリープ（局所睡眠）、後者をマイクロ・スリープと呼んでいます。寝落ちや居眠りは仕事中やだれかといっしょに何かをしている時などには、時と場所を心得ないものとして非難されるのが普通でしょう。そして、その前ぶれとしてのローカル・スリープやマイクロ・スリープは、わたしたちの意識を作り出している大脳そのものの、このままでは居眠りをしてしまうよという警告と受け止めるべきなのではないかと考えられます。そういう前ぶれが見られているうちに適切な睡眠のとれる働き方やものごとの進め方へと改善をしなければなりません。わたしたちはわたしたちの睡眠とともに進化してきた動物なのですから。

この本の監修もしていただいている関口雄祐さんは睡眠の成り立ちを考える上で、たとえ話ふうに「鍋底仮説」というものを述べています。鍋を火にかけて湯を沸かしていると、最初は鍋底のところどころにぶつぶつと小さな気泡ができてきます。睡眠において、これは本人もほとんど意識することのない、ごく小さなローカル・スリープがぱらぱらと起こっている状態と言えるでしょう。脳の特に酷使されていた部分などは、このようなローカル・スリープを起こしやすいと考えられ、それは鍋底の直接火に当たっている部分にあたると言えばよいでしょう。

加熱が続くと、やがて、鍋底のあちこちでぶくぶくと気泡ができて、鍋底が見えなくなってきます。気泡を生じていない場所、つまりまだ覚醒して機能しているところもありますが、脳のあちこちでの機能停止は、強い眠気として自覚され、マイクロ・スリープが始まります。こうして沸騰に達した時がノンレム睡眠の始まりです（すでに述べたように、本格的な睡眠はまず、一定時間の深いノンレム睡眠から始まり、その後にレム睡眠がやってくるのが一般的です。後はこれらが周期的に繰り返されます）。

鍋底仮説は眠りの成り立ちの説明にはとても便利であるように思われます。沸きはじめた湯に水をさすとしばらく泡が収まりますが、これはたとえば気力や意欲で一時的に眠気をはらう「醒気」のはたらきと考えられます。[※2] また、沸騰とともに火を止めると、鍋は冷えていき沸騰も収まりますが、これが睡眠から覚醒への移り変わりと考えられます。

一般には睡眠のしくみはシーソーのようなものとして説明されます。覚醒と睡眠を2つの状態のバランスで考えることは、前の章でお話しした脳内物質のはたらきなどからはうまくあてはまるでしょうが、シーソーはどちらかに完全に傾いている状態（0か1かといった二択）がイメージされてしまう点ではいささか不適切かとも思われます。

ここでも関口さんは、同じ遊具ならバランスボールを思い浮かべてはどうだろうかと提案しています。完全な覚醒をしっかりしたイスに座っている状態にたとえるなら、眠くなりはじめはバランスボールに乗った時のようなものかもしれません。はじめは余裕で耐えられるでしょう。これはほとんど眠気を感じていない状態です。しかし、眠気つまり不安定さが増していくと、だんだんにバランスボールに対するその人のやる気や慣れ、素質などが問題になってきます。これらは眠気に逆らって醒気を高めようとすることと重ね合わされます。バランスボールの上で踏ん張るのは、顔を洗ったり少し動いたりしてみることにあたるでしょう。それでも思わず床に落ちてしまったら、それは文字通り「寝落ち」ですし、「もうダメ、やーめた」となれば、それは「寝入り」ということになります。下りてみたら案外元気になれたので、よしもう一度と思えるなら、その人はマイクロ・スリープで回復したのだと言うことができるでしょう。バランスボールのたとえが有効なのは、そこに睡眠と覚醒の連続的であれこれと移り変わるバランスの全体が映し出せるからにほかなりません。

落ちてゆくのもしあわせだよと

さて、ローカル・スリープやマイクロ・スリープを知っていただいた上で、あらためて、いくつかの動物たちの睡眠について考えてみましょう。

昔、『ギターを持った渡り鳥』という映画があって、きまぐれにさまよい、さまざまな人々と出会い、時には事件に巻き込まれてそれを解決してはまたどこかに去っていく流れ者の主人公はよく渡り鳥にたとえられてきました。さきほどもふれたグンカンドリのなかまのオオグンカンドリは2カ月飛び続けます。俳優・渡哲也が主演の『東京流れ者』というアクション映画がありますが、オオグンカンドリが2カ月眠らずに飛び続けるとしたら「渡り徹夜の流れ者」ですね。しかし、オオグンカンドリに計測機器をつけて調べた結果では、2カ月を超える長期飛行の8割以上の時間はほとんどはばたいていませんでした。また、この間、心拍数は陸上の巣で休息している時と同程度に低下していました。さらに、夜の始まりには高度700(~4120)mで飛行することが多く、この時に睡眠を行っているのではないかとも推測されています。もっと詳しく飛行パターンを見てみると、オオグンカンドリは上昇気流に乗って落ち葉のようにくるくると上昇し、その後、一気にグライダー滑空で下降してきます。上昇している間の2~12分がほとんどはばたかない時間で、この時に睡眠に落ちている可能性が指摘されているのです。もともと、鳥類の標準的な睡眠時間は1回に数分であることが知られています。短い睡眠を繰り返せば全体としての睡眠時間を満たせている可能性は十分にあるのです。

シロハラアマツバメはさらに強者で、飛び続ける期間は半年以上におよびます。シロハラアマツバメにも計測機器をつけた研究がありますが、飛行中の数分ずつの睡眠の繰り返しがうかがわれます。シロハラアマツバメはスイスなどでビルの隙間といった場所に巣を作って、5カ月弱の間繁殖を行いますが、その後には約2週間かけて西アフリカに飛んで越冬し、翌年の3月末からまた約1カ月飛んで繁殖地(スイスなど)に戻ります。越冬というと休んでいるようですが、この間も飛び続けて過ごすので、繁殖地以外での生活は毎年7カ月飛び続けということになります。他の渡り鳥でも、時にふっと失速して落ちかかってはまた飛行を続ける例が知られており、これは寝落ちと言うべきでしょうか。

前にもふれたアメリカウズラシギのオスの場合は、繁殖期にこそ覚醒を続けてメスを探し、そういう繁殖競争の勝者は約19日間、毎日の95％を活動時間にあてていました。しかし、それでも数分の静止時間を1日あたり計1時間程度繰り返しています（この時に、数秒の睡眠を繰り返しているのが脳波からわかります）。鳥類はマイクロ・スリープ型の進化をとげた典型的動物と言うべきかもしれません。

ところで、鳥類では半球睡眠という特異な睡眠のかたちが知られています。わたしたちヒトの大脳は左右の半球に分かれていますが、その間は約2億～3億5000万の神経線維を含む脳梁でつながれています。このため、左右それぞれの脳に伝えられた情報をすばやく交換し統合できることになります。

しかし、鳥類ではこの脳梁の接続はヒトほど発達していません。視覚情報も、右目は左半球、左目は右半球に振り分けられて入力されます。その結果、たとえばこんな興味深い現象が起こります。多くの鳥のヒナでは、卵からかえってすぐに見たものを親と認識し、その後をついていこうとする「刷り込み」という現象が知られています。そこで片目に目隠しをしたアヒルのヒナに、赤または青の親鳥の模型を見せて刷り込みます（以下、実験結果をシンプルに整理してご紹介します）。ヒナはその色の模型を好んで追いかけるようになります。ところが、ここで刷り込みに使われた目を目隠ししてもう片方の目で見るようにすると、ヒナはこのような色による模型の区別をしなくなります。また、左右の目それぞれに別の色の模型を刷り込んだヒナでも、両目が見える状態では色による好みは観察されませんでした。

以上のように、鳥類では脳の左右それぞれの半球の独立性が高いことがわかっています。そして、鳥は片側の半球のみを目覚めさせ、逆の半球を睡眠状態にしている場合があることが観察されました。これが半球睡眠です。たとえば、寄り集まって眠っているカモです。観察によると、なかまに挟まれているカモは両目をつぶっていましたが、両脇のカモはしばしばなかまのいない側の目を開けていました。つまり、半球睡眠を行うことで警戒を怠らないようにしていると考えられるのです。いくら端っこにいるからといって捕食者の「かも（獲物）」にされてたまるかというところでしょうか。[※3]水鳥や渡り鳥は、泳いでいる時や長時間飛行でもこの半球睡眠を活用している可能性が指摘されています。[※4]もっとも、すでに述べたような実際の長時間飛行のモニタリングでは、むしろマイクロ・スリープ的なものが目立ち、意外と半球睡眠の例は少ないようです。[※5]オオグンカンドリの飛行中の睡眠は1日に40分程度と考えられますが（陸上では1日に約10時間眠ります）、10日間の継続観察では、それらの睡眠のうち30％程度は「全球睡眠」であるとされています。鳥は飛びながら短いノンレム睡眠を繰り返して睡眠時間を補っているようなのです。

けれども、ほ乳類の中に半球睡眠しかしないのではないかと言われているなかまがいます。さらにはレム睡眠もしないのではないかというのです。その動物とはイルカです。次のパートでは、イルカの睡眠を詳しく見ていくことにしましょう。

目を閉じて だけど泳いでイルカが眠るプール

さて、イルカの睡眠物語です。実は半球睡眠の最初の発見はイルカでした。１９６０年代、アメリカの大脳生理学者ジョン・C・リリィは大脳が発達したイルカに注目し[※6]、ハンドウイルカにアルファベットを教えて発音させる実験などを行いました。そんなイルカですが、同じくリリィが24時間継続して観察したところ、片側ずつ目を閉じているようでした。そこでリリィはイルカが片脳ずつ眠らせることで、睡眠中も泳いだり息つぎしたりを可能にしているのではないかと考えたのです。イルカの大脳も鳥類と同様、ヒトよりも左右の半球をつなぐ脳梁が細くなっており、互いの独立性がうかがわれます。その後に、ソ連（現在のロシア）の研究者によって、実際に脳波の測定が行われ、左右の大脳が交互に活動を低下させていることが確認されました[※7]。さらに、こういった細かな観察の中で、ハンドウイルカやネズミイルカではレム睡眠を示す目の動きはないようであると報告されました。つまり、イルカは夢を見ないのではないかということです。これらがイルカの睡眠をめぐるひとまずの定説として、広く語られるようになりました。

睡眠中のイルカは典型的には横に広がった隊形を組んで、互いに泳ぐ速さを合わせながらゆったりと進んでいきます。大きな群れでは2〜3列の横並びがぴしっときれいにそろう姿が観察されています。眠れるシンクロナイズド・スイミングというところでしょうか。

なお、小笠原の海での観察では、イルカは海底が白い砂におおわれた場所でお昼ごろにゆっくりと休息していることが多いとのことです。イルカはわたしたちにも聞こえるカリカリとかギリギリといった音や、もっと波長が短くてヒトには聴こえない超音波までを発し、それがあたりの岩や生きものなどに反射してくるのを聴いて、地形や捕食者の存在などを察知します（エコー・ロケーションと言います）。イルカたちが明るくて見通しのよい場所を好んで休息するのは、そういうエコー・ロケーションに神経を使う生活をひととき離れて、くつろいでいるのかもしれません[※8]。

ところで、水族館のイルカでは泳ぎながらの「遊泳睡眠」の他にも睡眠のしかた（静止型睡眠）が確認されています。プールに浮いて眠る「浮上睡眠」と、沈んで眠る「着底睡眠」です。成体では300kgにおよぶハンドウイルカに比べて、小型種のカマイルカ（成体でも約150kg）は静止型睡眠をすることはなく、ほとんど泳ぎっぱなしです。これは、体が冷えやすい水中で運動による熱で体温を保っているのではないかと考えられます。一方で、大型種のゴンドウ類では野生環境でも浮上睡眠が観察されています。野生ではハンドウイルカでも波の影響で浮上睡眠を保つのは難しいのかもしれません。着底睡眠も、すぐに息つぎに浮上できる飼育下の浅いプールだからこそのものと考えられます。

なお、マッコウクジラは群れで垂直の姿勢になり、いわゆる林立状態でじっとしていることがあります。これが睡眠か休息かはまだよくわかっていませんが、十分な深さの海でもマッコウクジラのような大型の鯨類ならば、このように水中に浮かんで眠る「中性浮力睡眠」も可能なのでないかと考えられています。

さて、水族館でのイルカたちの多様な睡眠を観察する時、興味深いのは仔イルカたちです。エネルギーの消費量を反映すると考えられる呼吸の頻度などから、浮上睡眠や着底睡眠は遊泳睡眠より深い睡眠であると考えられます（着底睡眠では、両目を閉じた半球睡眠が多く観察されます）。そんなわけで母イルカは落ち着ける時には浮上睡眠や着底睡眠をしようとしますが、そうすると仔イルカはまわりで大騒ぎをして起こそうとするのです。人間の母親と子どもでも似たような様子はよく見ますが、仔イルカの場合、胸びれ・尾びれなどのコントロールが未熟で、あまりうまく静止できないのです（体脂肪が少なくて、うまく浮いていられないということもあります）。母イルカが落ち着いて着底睡眠をするといっても、1回の時間は数分ですが、仔イルカは生後2カ月くらいまではまったく静止ができず、生後3カ月を過ぎても1歳未満ではせいぜい10秒程度の静止型睡眠しか見られません。そこまで息が続かないというわけではないはずなので、半球睡眠をする仔イルカにとっては、それまでの遊泳中の流れていく景色や水流の体感に対して、見え方・感じ方がまったくちがう静止型睡眠の世界になじめないのかもしれないと考えられています。ちなみに、母親の後ろから遊泳睡眠をする場合、母親のつくる水流に入ってしまえば、仔イルカは自分ががんばって泳がなくても、ある程度引っぱっていってもらえます。[※9]これはスリップ・ストリームという現象で、速い速度で周回する時には、母イルカは両目を開いて覚醒していても、仔イルカは少なくとも片目を閉じていることが多いのがわかっています。仔イルカにとっては、遊泳睡眠こそが一番の天国なのかもしれません。

そして、そんな仔イルカの睡眠をさらに研究することで、もしかしたらイルカのレム睡眠の存在が確認されるかもしれないという可能性が指摘されています。もともとレム睡眠は若い個体ほど多いので、イルカについても赤ちゃんの研究が欠かせないと考えられるのです。実際、イルカも睡眠中に「トゥイッチ（ｔｗｉｔｃｈ）」と呼ばれる行動が見られるのではないかと言われています。これはヒトでは睡眠中に腿やまぶたがぴくぴく動くありさまとして知られており、ネコやイヌでも寝ている時に脚がぶるぶる震えたりします。このような不意のけいれんが睡眠中のイルカにも見られるようだというのです。そして、「トゥイッチ」はレム睡眠中の行動なのです。イルカ同様に半球睡眠をする鳥類では、観察されるノンレム睡眠の長さ１４４秒（9種での平均）に対してレム睡眠は8.9秒（11種での平均）だったという報告もあり（ラットではそれぞれ約10分と約2分）、まさにわたしたちのものさしでは、このようなレム睡眠を見落としてしまう可能性があります。[※10] イルカの睡眠についてもまだ隠された秘密がありそうです。さきほどご紹介したマッコウクジラの垂直睡眠でも、調査船がクジラたちの左右を横切っても回避行動がなかったことから、全球型の睡眠の可能性があるのではないかと言われています。水族館などでのさらなる観察や研究が期待されます。[※11]

※1 ヒトを含む多くの動物で、むしろ本格的な睡眠はきちんと準備して行われるとも言えます。「パジャマに着替えて、歯をみがいて、あと大好きなぬいぐるみがいっしょでないとよく眠れないんだよね」、そんな人もいるでしょうが、オランウータンやチンパンジーが毎晩、木の枝を折り合わせて樹上にベッドを作ったり（場所はしばしば日ごとに変わります）、ミーアキャットなどがもっと本格的な巣穴を作って、そこにもぐって眠ったりなど、「寝入り」にあたって、野生動物たちも落ち着ける場所の確保やさまざまな安全対策をしていることが知られています。さきほどの人の場合、着替えや歯みがきは衛生的な意味があるかもしれませんが、ぬいぐるみなどは個人的な習慣・文化と言うべきかもしれません。けれども、そういう文化的な「就眠儀式」も含めて、眠りはその準備を含めての行動として考えられるべきでしょう。

※2 沸きかけの湯に水をさすというのは、分子レベルでみるならば、脳内にオレキシンが分泌され、それが覚醒状態を維持する（直接に覚醒作用を持つ物質の分泌を維持する）ようにはたらくのだということです。

※3 マガモはもっぱら水面に浮かんで寝ますが、岸近くでは1分間に30回近くも目を開けてあたりを警戒します。この時も片目だけ開けて半球睡眠をしている可能性があるでしょう。イギリス産のハトの品種のひとつであるバーバリバトの観察では、1羽でいる時はまばたきが頻繁になり、捕食者がいる時にはさらに盛んにまばたきしていましたが、6羽で集まるとまばたきの回数はぐっと減りました。そして、天敵がいてもまばたきの回数は変化しなかったと言います。鳥たちが群れて眠ることが生き残

りの戦略になっているあらわれでしょう。鳥たちの群れの中での位置関係のちがいでまばたきの回数がちがうかも調べてみたいところです。なお、繁殖期のコガモでは、オスが盛んに目を開けて警戒する一方、そういうオスに囲まれているほど、メスは熟睡するようです。

※4　半球睡眠は脳の一部が眠るという点では、ローカル・スリープの一種とも言えます。しかし、一般的なローカル・スリープはたくさん使った（使いすぎた）脳の部位を休めて、平常の状態に戻すはたらきをしています。このため、局所睡眠はその時々に疲れている脳の部位で不規則に起こります。一方、半球睡眠は、その時にたまたま脳の片側をたくさん使ったからそちらを休ませる（半球睡眠させる）というのではなく、常に「体全体としては覚醒している」という状態を維持するために大脳を交互に休ませています。一般のローカル・スリープのようにその時々で起こるのではなく、規則的で積極的な睡眠なのです。積極的なものである以上、何かコントロールのしくみが（おそらくは睡眠と覚醒を司る脳の視床に）あると考えられ、アメリカなどで研究の試みも知られていますが、いまのところ、解明は進んでいないようです。

※5　一方ではヒトにも半球睡眠が存在する可能性があります。ヒトにはさまざまなかたちのローカル・スリープが観察できるので、半球睡眠もできるかもしれません。関口らが行った予備的な実験として、実験協力者に2つの条件で朝の6時まで徹夜をしてもらいました。ひとつには普通の徹夜です。そして、眼帯で片側の目をふさいでの徹夜もしてもらいました。この両方で3時と6時に認知能力を測る試験をしてみました。脳が寝不足なほど、試験のミスが増えると考えられます。すると、眼帯なしの徹夜では3時よりも6時の試験の成績が下がったのに対して、眼帯をしていた場合は3時よりも6時の試験の成績が上がっていたのです。眼帯でふさがれた目と連絡している大脳半球は休息ないしは睡眠をしているのでしょうか。
しかし、ヒトの視覚のしくみを考えると、あまり単純には判断できません。片目で見ているから片方の大脳半球だけが視覚情報を受け取っているわけではないのです。左右の視野というと、左右それぞれの目の視覚情報と思いがちですが、実は左右の目にそれぞれ、左視野と右視野があります。そして、左視野の情報は右脳に、右視野の情報は左脳に伝えられます（左右の脳のどちらにも視覚野と呼ばれる、

視覚情報を受け取る部位があります）。具体的には、右目の網膜の左側と左目の左側の視覚情報は、どちらも右脳の視覚野に伝えられます。同様に、それぞれの網膜の右側（右視野）の情報は左脳の視覚野に伝えられます。つまり、どちらの眼球への視覚刺激でも、右寄りと左寄りが仕分けられているのです。この視覚伝達のしくみを半交叉と呼びますが、眼帯の影響を考えるには、この半交叉のことも考えながら実験や分析をしなければなりません。今後の研究が期待されます。

※6 ハンドウイルカの脳は多くのしわを持ち、その神経細胞は約１００億～２００億個と推計されています。ヒトでも１４０億個程度とされるので、イルカはたくさんの神経細胞が複雑なネットワークをつくっているのではないかと言えるでしょう（しわは脳の表面積を増やすだけでなく、離れた部位の神経細胞どうしの連絡を容易にします）。

※7 遊泳中のイルカが目を開いているかどうかといった細かな観察は、水族館でこそ効率的かつ確実にできます。また、脳波の測定もトレーニングされたイルカの協力によって、その精度を上げてきました。動物園や水族館の科学研究への貢献の可能性がよくわかります。また、それらの施設は研究者と密接な連携を続けていくべきだとも言えるでしょう。動物園や水族館は一般市民に開かれた場なので、これらの科学的認識を人々に広く適切に伝えることもできるはずです。

※8 飼育下のハンドウイルカの睡眠観察では、行動として眠っているように見える時間は1日に12～16時間ですが、脳波の測定からは9～10時間ほどです。もっぱら視覚で生きるわたしたちが1日の疲れを癒そうと、眠り込んではいないまでも目を閉じて横たわっているのと似たような時間を、イルカたちも持っているのかもしれません。

※9 野生のイルカはしばしば人間の船といっしょに泳ぐことがあります。この時しばしば、イルカたちが争うように船の前に出たがることがあります。これはその位置に入れば、船が押してくる水に乗って、楽に進めるからだと考えられています。イルカたちはそうやって遊んでいるのかもしれません。

※10 鳥類でもヒナの時期に比較的大量のレム睡眠を行うことが知られています。卵からかえって25日程度のカササギのヒナは1日のうち11.2時間を眠って過ごし、そのうち8.7時間がレム睡眠でした。このレム睡眠の量は成鳥の5倍にあたります。

※11　イルカに音で一定の合図を送り、それを聴いたら水中のボタンを押すという訓練をして、これを15日間続けた実験があります。20～30分間隔で合図を送り続けた結果、５日目と６日目に合図の音に反応しないというミスが５回ずつありましたが、その後はミスが減っていき、14～15日目はノー・ミスでした。これは半球睡眠の威力の証明と言えるでしょうが、実はこの実験の準備段階で参加個体２頭のうち、片方は23回のミスをしたのに対して、もう片方は２５９回もミスをしています。これは眠っていて合図を聞き逃したのではないか。イルカにも全球睡眠が存在する可能性もあるかもしれない。そんな新たな疑問と研究課題も浮かび上がっています。

第4章

寝方と寝床のア・ラ・カルト

1 Where did you sleep last night

となりはどこで寝るヒト科 チンパンジーのベッド

“Where did you sleep last night”（別名“In the pines”）は19世紀からアメリカで歌われている作者不明の曲（フォークソング）で、１９４０年代なかばの黒人歌手レッドベリーによる録音や、そのレッドベリーのものをロックバンドのニルヴァーナがさらにカバーした１９９３年の演奏がよく知られています。この歌自体は、とある女性に「おまえはゆうべ、どこで寝たんだい」と問いかけるもので、歌詞全体を見ると重々しいテーマなのですが、この章では、ほ乳類を中心としたさまざまな動物たちに、それぞれの睡眠における寝方と寝床（どこでどんなふうに眠るのか）を問いかけてみたいと思います（夜に寝ているとは限りませんが）。まずは、わたしたちに一番近縁のヒト科の動物たちです。

ヒトの学名は「ホモ・サピエンス」ですが、学名はラテン語またはその形式をまねた単語２つで成り立っており、「属名＋種小名」という形式になっています。「種小名」とはその種を表すものですが、「属名」とはその種について近縁なものをまとめて名づけられています。属は種のひとつ上のまとまりということになり、ヒトは「ホモ属のサピエンス種」ということになります。「ホモ（ｈｏｍｏ）」で「人間」を指します（ホモ属は日本語ならヒト属です）。また、「サピエンス（ｓａｐ iens)」は「賢い（sapere)」ということばに由来しています。ヒト属は現在、ホモ・サピエンスのみですが（1属1種)、たとえば、わたしたちに最も近縁な化石人類のひとつであるネアンデルタール人は「ホモ・ネアンデルタ－レンシス」で、わたしたちとは同属異種と位置づけられます。

そして、属よりひとつ上のまとまりとして「ヒト科」を考えると、そこには他にも現生の種を見出すことができます。現在、ヒト科には、ヒト、チンパンジ－、ボノボ、ゴリラ、オランウ－タンが含まれるとされています。このうち、チンパンジ－とボノボはチンパンジ－属の互いに異なる2種で、さらにゴリラ属が2種、オランウ－タン属が3種に分けられるので、現生のヒト科は4属8種となります。[※1]ヒト以外のヒト科動物は一般的に「大型類人猿」と呼ばれています。[※2]

現生のヒト科のうち、決まった巣（家）を作る習性を持つのはヒトのみですが、大型類人猿たちも毎晩、「ベッド」と呼ばれるものを作って眠ることが知られています。それらはヒトの家が持つさまざまな役割に対して、あくまでも「眠る」ために（あるいは、その時限りの休憩場所として）特化したものです。

大型類人猿の中でもチンパンジ－属（チンパンジ－とボノボ）はヒトと最も近縁です。そこでまずは、わたしたちの「進化の隣人」と呼ぶべきチンパンジ－を紹介していきます。チンパンジ－は毎日数十本の枝を折り合わせ、径が数十㎝のおわん型のベッドを作ります。チンパンジ－の群れの行動圏は数十㎢におよびますが、研究者はこのベッドをチンパンジ－たちの存在の目じるしとしています（森の中ではチンパンジ－の姿を常に確認できるわけではないので）。ベッドは形も大きさもひとり用ですが、幼い子どもは母親と同じベッドで寝ます。けれども、子どもたちも1歳になる頃には母親のまねをするように枝を集めたり曲げようとしたりしはじめ、離乳が完了する5歳くらいからベッドを作り始めるようになります。地域によって異なりますが、チンパンジーたちは好みの果実が多い場所にベッドを作って「夜食」を楽しんだり、[※3]むしろ果実を狙う小動物が来ない静かな場所を選んだりと、ベッドの位置にも細かな選択が見られます。ベッドの下層になる枝組みは弾力を持ちつつもしっかりしたものでなければなりませんが、ベッドの素材には豊富な樹種からやわらかい枝葉が選ばれる傾向があります。体に直接当たるマットの部分としての気持ちよさが好まれているのでしょう。[※4]

ここで、とある年老いたオスのチンパンジーが、体調が悪かったのか、たった7本（普通は30本以上）の枝で作ったベッドで寝たという報告が注目されます。必要最小限ということを考えると、まさに長い年月ベッドを作り続けた末の「職人芸」と映りますし、また、そうやって寝るのに必要なベッドの「基本構造」がわかっているということから、チンパンジーが学習によって非常に抽象的なことまで認識できる（単に枝を組み立てたベッドの実際を記憶しているだけではない）ことがよくわかるでしょう。

快適な睡眠には「安全」も大切です。この点でも樹上はふさわしいものと言えます。アフリカのサバンナに住むパタスモンキーは、昼の間は木々のまばらな草原で過ごし、四つ足で全力で走ると時速50㎞を超えますが、夜には木に登って寝ることが観察されています。霊長類は暗い場所ではあまり視覚がはたらかず、肉食動物などに襲われる危険が多いからであると考えられています。これはチンパンジーでも同じことです。木登りができてチンパンジーの脅威にもなる肉食動物としてはヒョウがいますが、この点でもチンパンジーは用心深くふるまっているようです。ヒョウが登って来れそうな高さでベッドを作る時、チンパンジーは比較的幹が細い木を選ぶことが指摘されています。このような木ならば、ヒョウが登って来れば振動でわかり、チンパンジーはすぐに別の木の枝に飛び移って逃げられます。実際、チンパンジーはこういう時の避難の道筋(枝筋？)も考えて、ベッドを作る枝を選んでいるようです。ヒョウをホテルの火事にたとえるなら、ちゃんと避難経路を確認し、火災報知器のスイッチも入れて（細い幹というヒョウの動きへのセンサーをしかけて）、ぐっすり安眠というわけです。なお、パタスモンキーを含めて、アジア・アフリカに住む霊長類の多くは体に尻だこと呼ばれる固い部分があり、これによって枝の上などの不安定な場所でも休息や睡眠がしやすくなっています。一方、大型類人猿には尻だこがありません。これもベッドの誕生や進化と関係しあった特徴と考えられます。

チンプうきうき、オランかさかさ

大型類人猿の中ではヒトと一番遠い系統のオランウータンも、樹上のベッドで眠ります。[※5]そして、オランウータンたちはベッドに入るとさらに体の上にかけぶとんのように枝葉をかぶるのが知られています。起きている時でも雨が降ると枝葉を傘のように使います。さらには、ベッドの上に枝葉を組んで、屋根のような構造を作ることも観察されています。しかし、チンパンジーでは、このような行動は一般的ではありません。[※6]チンパンジーの住むアフリカでは雨季と乾季（５月後半から９月頃）がはっきりと分かれており、[※7]また、雨が降ってもその後に晴れるとすぐに乾いてしまうような気候であることが関係しているのではないかというのが、いまのところの仮説とのことです。
なお、チンパンジーと最も近縁で同じアフリカに住むボノボの場合には、夜に雨の降った翌朝の寝起きが悪いようです。雨に濡れて冷えた体が温まるのを待っているのではないかとも考えられています（早ければ朝の6時にベッドを出るのに、11時頃まで横になっていたという観察例もあります）。

他にも眠りないしは休息をめぐって、チンパンジーとオランウータンにはちがいが認められます。オランウータンのベッド作りも夕方で、毎日17時から18時くらいに数分間でベッドを作ります。一方、オランウータンの1日を見ていると、このようなベッドの中にいる時以外も、日中でもしばしば枝の上で何もしないで休息しているのが観察されます。ただし、これは必ずしも昼寝ではない（眠っているわけではない）ことも確認されています。日中の60％の時間を休息に費やしている時期もあります。こう記すといかにもだらだらとなまけているように感じられますが（別にそれで悪いわけでもありませんが）、実は時期が変われば、1日の休息時間は20％程度に減ることもわかっています。この時に休息時間と入れ替わりに増えるのは採食時間です。オランウータンはもっぱら果実を食べますが、オランウータンの住む森は1年を通してや年ごとの果実の量の変化が比較的大きいことが知られています。ことに、数年に一度の「一斉開花」では、森の多くの木が文字通りいちどきに花を咲かせ、それは多くの実り（一斉結実）につながります（植物種ごとにずれるので結実は2～5カ月におよびます）。植物としては、多くの種が一斉に果実をつければ、どの種も鳥や昆虫たちに食いつくされたりしないで子孫を残せるという利点があるのではないかと考えられていますが、オランウータンは、樹上でまさに寝る間も惜しんで採食に励みます（森の地上部では、イノシシたちなどが落ちてきた果実を盛んに食べ歩き、森の中が獣臭くなるほどだと言います）。しかし、一斉開花・一斉結実は、その後に一気にほとんど果実が得られなくなることを意味します。オランウータンは葉や木の皮などを食べながら、この欠乏期を乗り越えなければなりません。[※8] いくら探し回っても果実のような良質の食べものが得られないのなら、いっそできる限り動かずにエネルギーを節約した方がよいことになります。[※9] 昼間の森の中、眠ってもいないのにただ休み続けるオランウータンには、のんびりどころか、切実な理由があるというわけです。

　ちなみに、※8の注釈にも記したようにオランウータンは食べたものが脂肪として蓄えられやすい、つまり、「太りやすい」体質です。これはヒトにも言えることで、オランウータンとヒトそれぞれでの環境への適応の結果と考えられます。

　チンパンジーもオランウータンも熱帯雨林に住みますが、比較的安定したかたちで食べものが得られるチンパンジーの森に対して、オランウータンの森の場合、果実があふれるような年と極端に食べものが欠乏する年があるため、食べられる時に食べて、それを体内に蓄える「太りやすい」体質が進化したと考えられます。

　一方、ヒトの場合は進化の過程で、アフリカの森からサバンナに生活の場を移す中で、植物が地下につくるイモや肉食動物の食べ残しなどに栄養を頼る生活をするようになりました。ありあわせの石で骨を砕いて、栄養豊かな骨髄を食べるようになったのが石器使用のきっかけではないかという説もあります。やがては、槍などの道具の発達や集団での協力による狩りを発達させますが、いずれにしろ、食べものの得られ方は不安定でした。これがヒトの「太りやすさ」を進化させた環境条件であったと考えられるのです。

もっとも、オランウータンが昼間に習慣のように行うという1～2時間の休息は、もっと気楽な「昼寝」と言ってよいでしょう。そして、チンパンジーにもこのような「昼寝」は観察できます。チンパンジーの「昼寝」は11時頃と15時頃を中心に地上でごろりと横になるという短いもので、一般にベッドが作られることはありません。まさに一休みとしての「昼寝」なのでしょう。もっと細かく脳波レベルの睡眠の構造などもわかれば興味深いのですが。

また、すでに「雨の翌朝のボノボの朝ねぼう」というお話をしましたが、ボノボはチンパンジーより眠るのが好きなのかもしれません。起きてあたりの果実などで腹ごしらえをすると、またベッドを作って寝てしまうこともあります。昼間もちょくちょく「昼寝」をします。その時も、樹上でツルや木のまたなどに寝そべったり、昼寝用にベッドを作ったりします。地面に降りて昼寝する時には、樹上が暑いのでひんやりした地面を求めてくるようです。

ベッドに話を戻すと、ここまでもっぱらちがいを強調してきたチンパンジーとオランウータンのベッドにもいろいろな共通点が発見できます。ひとつはおわん型で、たとえあお向けでもほどよく体を曲げて休めるということがあります(オランウータンのベッドも枝葉のクッションやマットで、なかなか快適だということです)。さらに「枕」のはたらきが指摘できます。おわん型のベッドの縁は、ベッドにすっぽりはまって眠るとちょうどよい枕になるのです。オランウータンでは、小枝を集めてベッドの上に枕を作っているように見える行動も観察されています。オランウータンが葉のついた小枝をたばねてベッドに置き、それを抱きかかえるようにして眠るのが観察されたこともあり、これは「抱き枕の発明」と言うべきものかもしれません。また、ドングリのような実がたくさんついた枝をベッドに持ち込んだオランウータンが食べ終わった後の枝をそのまま「しきぶとん」にしたという観察もあり、これはそのオランウータンが発明した、あるいは近くに住むオランウータンがはじめた行動をまねした、といった「文化的な行動」ではないかとも考えられています。いわば「お夜食付きおふとん」なのですね。

さらに、ヒト科においては快適な睡眠が結果として脳の発達を促したのではないかとも言われます。確かにチンパンジーのおわん型のベッドは、体の筋肉が緩むレム睡眠でも、その体を安全に支えてくれるでしょう。それによって、睡眠内での脳の神経の接合の整理と発達が進むなら、前提としての脳の発達的な進化につながったとしても不思議はないように思われます。しかし、これらの楽しげな仮説は、これからじっくりと検証されていかなければならないでしょう。ベッド作りを習ったことのない飼育下のチンパンジーやオランウータンでも、毛布などを丸めてベッドのような形にすることはしばしば観察され、遺伝的な本能や体のしくみ自体が求める気持ちのいい寝場所の環境なども考え合わせていく必要があります。

最後にゴリラですが、他の大型類人猿とはちがって、ゴリラは夜でも地上で眠る傾向があります。枝葉や草を集めてベッドは作ります。朝日が一番に当たる場所や見晴らしのいい場所を選んでいるのではないかとも言われますが、ベッドの材料にはそんなにこだわらないようです。ゴリラは他の大型類人猿よりも体のサイズが大きく、地上を選ぶのはその方が安定していて気持ちよく眠れるからではないかというのが、有力な考察のひとつです。

すでに記したようにオランウータンは母親と幼い子ども以外は単独で生活します。[※10] 一方でチンパンジーやボノボはオスメスとも複数の群れをつくります。ヒトの本来的な社会性がどんなものかは議論が分かれますが、オスメスのペアを基本に、それらが複数で暮らす集落をつくっているといったモデルが提示されています。これに対して、ゴリラはオスメスの体格差が大きく、体の大きなオスが複数のメスをとりまとめて、ひとつの群れをつくるかたちの社会が見られます。成熟したオスは背中が白っぽくなるので「シルバーバック」と呼ばれます。シルバーバックは他のオスと出会うと激しく争うこともありますが、群れのメスや子どもに対しては力で引き留めているというよりは、頼りにされているというのがふさわしい関係性となっています。[※11] 実際、メスはオスに魅力を感じなくなると他のオスの元に移籍したりすることが知られています。

そんなゴリラの群れなので、地上で夜を過ごすことで生じる、大型の肉食動物に襲われる危険も、シルバーバックの保護を頼りにすることができます。実際、あるゴリラの群れでシルバーバックが密猟者に殺されるという事件が起きた時、それまでは60％以上が地上に作られていた群れのメンバーのベッドが、急に15％に減ってしまいました。しかし、取り残されたメスと子どもたちの元に、新しいシルバーバックが居着くようになると、また地上のベッドが45％ほどに回復したのです。メスたちは、シルバーバックがいなくて心細かったのでしょう。

けものの眠り　裸のサル

「啓子ちゃん、おじさんの『けもの』がもう一度眠りに戻るんだ。すさまじい眠りだよね」

１９６０年に公開された鈴木清順監督のサスペンス映画『けものの眠り』は、このセリフとともに幕を閉じます。「けもの」は広くは、ほ乳類一般を指しますが、ここでは人間の欲望とそれにまつわる悪のシンボルとして使われているので「狂暴な肉食獣」ということになるでしょう。そのような種の眠りと、ここまで主に見てきたヒトやそれに近い大型類人猿などの眠りの比較は興味深いところです。

いま、狂暴と書きましたが、それはあくまでも人間のイメージで、実際の肉食獣は常に血に飢えてぎらぎらしているわけではありません。睡眠において、肉食獣は草食獣よりも落ち着いて眠る傾向があります。その代表はライオンで、ごろんと横になって眠ります（**図４-１**）。しかもおなかを上に向け、首も長く伸ばしています。これは最も無防備な姿勢と言えるでしょう。いくらライオンでも、毛があまりなくて皮膚も薄いおなか

図4-1 ライオン

ナイル（1997年に来園）は京都市動物園で飼育された、最後のライオンです。ライオンとしては高齢となりつつ、さまざまなケアを受けながら2020年１月31日に生涯を閉じました（国内最高齢の25歳10カ月）。京都市動物園は、現在の施設では群れ生活などのライオンの本来の特性に見合った生活を実現できないものとして、ライオンの飼育断念を宣言しています。ナイルの穏やかな寝姿に生前をしのびつつ（写真は2017年３月28日撮影）、他種への施設転用を含め、今後の同園のコレクションプラン（どんな動物をどのように飼育展示していくか）の展開に期待しています（2023年11月記）。

やのどを攻撃されるのは危険です。しかし、サバンナ最強クラスと言うべきライオンたちはそんな危険がないからこそ、この姿で眠れるのだと考えられます。また、このような寝姿にはよい面もあります。毛が少なく皮膚も薄いということは、おなかやのどからは熱が逃げていきやすいことになります。つまり、暑い時にこの姿で寝転がるなら、合理的に涼しくなれるというわけです。このように涼みながらの昼寝を楽しむことは、同じく最強クラスと言ってよい肉食獣であるトラでも観察できます。トラたちはしばしばぬかるみで昼寝をします。人間の感覚ではちょっとためらわれますが、泥は冷たく、また、皮膚の寄生虫などを逃れる役にも立つと考えられます。

もっとも、すべての肉食獣がここまでのんびりしていられるわけではないようです。ジャッカルは比較的小型のイヌ科動物で、ライオンと同じくアフリカのサバンナで暮らしますが、眠っているのかと思われる時にも、耳をピンと立て、首もまっすぐになっていることがあります。つまり、浅いノンレム睡眠ないしはうとうとしているといった状態と考えられます。ジャッカルはサバンナの最強層とは言えず、周囲に一定の警戒を必要とすることが多いのでしょう。深い睡眠はありますが、まとまったかたちでとることはまれとされています。

小型のキツネであるフェネックは巣穴を作って、その中をねぐらにしますが、木のうろなどでも眠っているのが見られます。そういう時、フェネックは急所のおなかを守るように体を丸め、耳は立てたままの姿です。この姿勢は睡眠中の体温を保つことにも役立ちます。また、北海道に住むキタキツネは巣穴の外の林の中などで休息していることもありますが、仮眠の際には頭を上げておこうとするようで、つい深く眠って鼻を地面にぶつけたりすると、あわてて起きるとのことです。

　このようなキツネたちでは「就眠儀式」と呼ばれる行動も観察されています。わたしたちも寝る前にパジャマに着替えることから始まって、歯をみがくとか、目覚まし時計をセットして定位置に置くとか、それなりに効能がわかるものから、ぬいぐるみにあいさつしないと落ち着かないとか、必ず口ずさんでみる詩があるとかといった個人のこだわりと言うべきものまで、いろいろな行動をするのが一般的でしょう。これが「就眠儀式」です。キツネの場合は、まず地面を引っかき、その場で回りはじめます。さらに逆方向にも回転します。体を思いきりひねり続けるので、口ひげと尾の先がふれそうになるほどだと言います。こうして寝場所を整えると、尾を前方に曲げ、それを迎えるように頭と前半身を丸めて、口ひげを少しはね上げると、鼻先を尾の先に押し込んで眠るのです。これはキツネ類の他に近縁のイヌ類など（つまり、イヌ科の中のキツネ属やイヌ属）で見られる行動ですが、これもまた、単に寝場所作りというだけでなく、キツネなりに安心な気分を作り出しているのでしょう。

　なお、わたしもよく動物園で、フェネックなどが日なたぼっこをしながら昼寝をしているのを見かけます。その時には丸まっていることもありますが、思いきり体を伸ばしていることも少なくありません。飼育下は安全だと学習しているのでしょうか。このような様子を見ると、動物たちの寝方にはそれぞれの種本来の習性の他に、その個体の生育環境・生息環境も影響しているのだろうと考えられます。このことは後でまた振り返りましょう。

　キタキツネをめぐってはもうひとつ、活動と休息の時間帯が季節によって変わることが知られています。秋から冬に向かって、キツネたちはしだいに夜行性に移っていくととらえられます。この時期には、夕方の薄暗い時間帯の活動を好むので「薄暮型」と呼ばれます。そして、12～2月にはもっぱら夜に活動します。冬の寒い夜に活動するのは、それによって体温の低下を防いでいるとも考えられます。つまり、秋冬のキツネはどちらかというと昼間に休息や睡眠をとっていることになります。ところが春を迎えると、キツネたちの活動は昼間中心に切り替わり、4〜8月には昼行型と言うべき状態を示します。この春から夏はキツネたちの子育ての時期にあたります。睡眠や摂食（食事）は動物が自分の体を維持するために必要な行動ですが、世代をつなぐためには繁殖や育児も大切です。キタキツネは季節変化が著しい北海道の気候に適応しながら、これらのバランスをとっていると考えられます。

繁殖との関わりでは、睡眠に性差つまりオスメスでのちがいがあらわれる場合もあります。一般に妊娠・出産・子育てという流れの中にいるメスは、他のメスやオスとはちがった睡眠パターンを示します。研究室での観察が積み重ねられているラットを例にすると、妊娠初期には睡眠量が増しますが、出産が近づくと不眠の傾向があらわれます。これらは、妊娠に伴うホルモンの分泌の変化が影響しているとされています。もともと、脳内で性に関わる部位と睡眠に関わる部位は比較的近くにあるので、それらの間での神経的なやりとりもあるのではないかと考えられています。そして、出産の後には授乳が行われますが、脳下垂体から出るプロラクチンというホルモンが乳の分泌を促すことが知られています。ヒトに関する研究では、このプロラクチンは睡眠中に盛んに分泌されることが知られています。身近なイヌやネコから野生種まで、多くの肉食獣で母親が横たわり、うとうとしているように見える姿勢で授乳が行われているのが観察できます。ここには、脳のレベルまで含めた、育児期のメス独特の睡眠のあり方が見て取れると言えるでしょう。

ここで、イヌとネコでは睡眠のあり方にちがいがあるように映ることも記しておきましょう。イヌでは平均すると30～40分を１単位とする睡眠が観察されており（ポインターでは80分程度になるなど、品種などでの差も大きいのですが）、１回のレム睡眠は10分以内であるというデータが得られていますが、イヌたちの睡眠はヒトに比べて不安定で、たえず覚醒しかけているように映るのもわかっています。これはすでに見たジャッカルなどと共通する特徴ですが、こうしてイヌはすぐに目覚められるようなかたちで睡眠をとっているということになります（これがイヌが番犬として働ける理由ともなっていると考えられますが、人間とともに暮らすことによると思われるイヌの特徴についてはもう少し後で述べます）。

一方でネコは、その名の語源が「寝子」（よく眠っているもの）であるとの説があるほど、しじゅう寝ている姿が見られます（イヌでは飼育下でも寝ているように見えるのは半日程度です）。ネコ科の中でも小型種であるイエネコ（野生の原種はリビアヤマネコ）などの眠りのあらかたは、警戒を維持した浅いもののようですが、その浅く長い眠りにはネコ科の特徴と結びついた意義があると考えられています。ネコ類のほとんどは群れをつくらず単独で狩りをします。１日のほとんどを寝て過ごすのも、いざ狩りという時にひとりきりでも全力が発揮できるように備えているのではないかと解釈されています。実際、大型のネコ科動物でも睡眠は１日の80～90％におよび、激しい活動は１％にも満たないとされています。現代日本のイエネコには狩りの必要もチャンスもあまりないでしょうが、これはネコ類の核心にある習性なのだと考えられます。

以上、いろいろな肉食獣の眠りを見てきました。しかし、肉食獣に狙われる側、草食獣となるとまた話はちがってきます。ここからはしばらく、草食獣の眠りの特徴を見てみましょう。

最初の手がかりは、さきほどもお話しした授乳です。たとえばアフリカのサバンナで群れで生活を送る小型のウシ科動物、トムソンガゼルです。トムソンガゼルの母親は群れから離れて出産しますが、子を産み落とすと、まだ立ち上がろうともがいている子を残して、群れに帰ってしまいます。一見、冷淡に映りますが、こうすることで肉食獣の目を子からそらすことができるのだと考えられています。生まれた子はすぐに跳んだり走ったりできるようになりますが、それでも母親は子をすぐに群れには入れません。しばらくは群れから少し離れた茂みの中に待たせて、授乳の時だけ、そこを訪れます。母親を見つけた子は茂みから出てきて、乳を吸いはじめますが、母親は常にあたりを見回して警戒しています。同じサバンナで、たとえばブチハイエナの母親がすでに記したようなごろ寝で子に授乳するのとは対照的です。ここには、狩られる側である草食獣にとっては、睡眠や食事、そして親が子を世話している時などが、一番隙があり、注意を要することが見て取れます。これら（睡眠・摂食・繁殖）は、どれも動物が個体を維持し、世代を重ねる上で必須の行動ですが、だからこそ命がけでもあるのです。

草食獣は小型の肉食獣と比べても、まとまった熟睡をしないことが観察できます。たとえば、シマウマの例を見ると、動物園などの飼育下では、比較的に警戒心が下がり、バックヤード（寝部屋）でなら座り込んでの休息などもよく見られますが、それでも睡眠自体は1〜2時間の休息の間にほんの2〜3分程度とみられます。野生なら寝転ぶのはもとより座り込むことさえせずに、立ったままでの短い睡眠を繰り返すのが基本的です。また、そのような眠り方を習得してこそ、一人前のおとなの草食獣と言えるようです。

地上最大の動物であるゾウにしても、動物園での観察でさえ睡眠時間はひと晩に4〜6.5時間とされ、その中には短くても14分弱、長い場合には１３０分ほどの立ち寝が含まれているとのことです。続けて横たわっている時間は平均して72分という数値があげられています。そして、子ゾウを見てみると、生後5カ月では１日に8時間ほどの睡眠が確認されましたが、生後19カ月では5時間程度に減っています。また、生後９カ月から立ち寝ができるようになったと言います。子ゾウの眠りの「ひとり立ち」ですね。

家畜化されているウシは、餌を食べては休んだり眠ったりとだらだら「食っちゃ寝」をしているように見えます（実際、１日に10時間ほど横たわっていますが）。すでにお話ししたように、現在、脳の覚醒物質として知られているオレキシンは、そもそも食べること（摂食行動）を促す脳内物質を探す中で発見されました。その意味では「しっかり覚醒して食べる」ということが「ゆっくり眠る」と対になっていると考えられ、動物は「食っちゃ寝」が基本というのはまちがいではありませんが、気ままに「食っちゃ寝」しているように見えるウシたちも、もっぱら5分程度の短い睡眠をとぎれとぎれに繰り返していることがわかっています。そして、このような休息や睡眠のあり方は、ウシが反芻《はんすう》をする動物であることと結びついていると考えられています。ウシの主食は草ですが、ウシ自身は草の繊維質を消化する酵素を持たないので、大きく発達した胃の中に共生する微生物のはたらきで繊維質を消化吸収可能なかたちに変えています。しかし、繊維質の中にはなかなか分解されないものもあります。ウシはそういう消化の難しいものをいったん口に戻し、唾液と混ぜ合わせながらよく噛み直して、また飲み込みます。これによって微生物のはたらきを助けます。これが反芻です。食事の後、ウシはぼーっとしているように見えますが、このような反芻の行動が起きており、一種のうとうと状態ないしは浅い睡眠と言えるのではないかと考えられています（横たわっている時間の60～70％は、このような状態であるとされています）。反芻中には、深い睡眠への移行は起きません。大脳はある程度機能を下げつつ、大脳のコントロールを必要としない神経反射である反芻は続けられているととらえられます。こう書くと「なんだ、やっぱり食っちゃ寝じゃないか」と思われるでしょうが、そのように単純に言ってしまうのはちょっとちがうでしょう。

動物園では時に検査や治療のために動物に鎮静剤や麻酔薬を投与します。しかし、特にキリンなどの大型動物に麻酔をかけるのには慎重な配慮が必要です。キリンの場合、警戒心が強く、麻酔をかけられること自体も大きなストレスになりますが、首が長く反芻する動物であることも忘れてはなりません。反芻動物が麻酔で眠っていると、反芻がうまくいかず、食べものが気道に入って（「誤嚥《ごえん》」と言います）、時には窒息事故が起きることもあります。大型で首が長い（反芻のための食べものの移動経路が長い）キリンなどは、とりわけて注意が必要なのです。※12

このように、麻酔などの薬による眠りは自然な睡眠とは異質なものなのです。このようなことを考え合わせると、ウシの反芻と休息・睡眠の両立も、微妙なバランスで行われている複雑な行動の組み合わせなのだと言うべきでしょう。実際、ウシに十分な反芻が必要な乾草を与えると、1日の30％程度のうとうと状態が認められましたが、消化のよい（反芻の必要性の低い）固形飼料を与えると、これが5％程度に減少し、1日の残り時間の半分は覚醒に、残り半分がノンレム睡眠にあてられるようになったことが報告されています。

なお、ヒトでも乳幼児などは食べる行動とまどろむ行動が並行する例が多く知られていますが、ヒトの場合、成長とともに覚醒と睡眠の分別が進み、このような行動は起きにくくなるようです。

よく「食べてすぐ寝るとウシになる」と言いますが、食べてすぐに本格的に深い睡眠に入ってしまっては、ウシ的な生き方はできないようです。さらに、ウシの反芻を伴う睡眠は、立ったままや、時には歩きながらも行われます。ヒトにとっては、もはや修練の問題でもなさそうです。[※13]

さて、以上ではたとえ飼育下でも動物たちの多くは人間のようなまとまった睡眠ではなく、それぞれの種の進化の中で環境に適応しながら培われてきた眠り方をしているのだということを見てきました。ここで最後にもう一度、わたしたち人間ととりわけて深く寄り添って生きてきたと言うべきイヌについて考えておきましょう。いくつかのイヌの品種を比較しながら睡眠の量と内訳（レム睡眠・ノンレム睡眠の比率）を調べた研究があります。結果として、品種・年齢などで大きく異なるデータが得られましたが、興味深かったのは研究室で飼育されているイヌでは平日は昼間に覚醒している傾向がみられ、一方で研究室に人が減る週末にはイヌ本来と考えられる配分（夜行性の増加）がみられました。これはイヌたちが、研究室で働く人間のペースに合わせているのだと解釈されています。そして、このイヌたちの姿には、わたしたちヒトの遠い過去といまの姿の間の変化が映し出されているようにも感じられるのです。

イヌが、ある種のオオカミ（図４-２）から分かれてヒトとの暮らしに適応しはじめたのは、一説には３万年ほど前とされています。そして、その後、ヒトは１カ所に定着しての農耕の開始を含めて大きく生態（生活のスタイル）を変えてきました。ヒトに近いチンパンジーはすでにお話ししたようにベッドを作って睡眠をとりますが、それでも排泄を含めて、夜の間に何度かは眠りを中断していますす。ヒトが夜に中断のないまとまった睡眠をとるようになったのは、人間社会の変化によって昼間に起き続けるような生活を作り出してきたことと結びついているのかもしれません。そして、人間に飼われているイヌたちも継続して起きて過ごすことが続くと、深いノンレム睡眠がまとまってあらわれるようになります。つまり、人間の生活の変化に合わせて、その人間たちと深く関わりあって生きているイヌたちの行動も変わってきたということです。

ロンドン動物園で鳥類の研究に携わるなどの経歴を持ち、多くの動物学関連の本を書いているデズモンド・モリスは、ヒトを「裸のサル」と称しています。彼としては、ヒトの行動もまた霊長類（サル）の1種の行動として動物学的に理解できるのだという意図から、こんな表現を使ったのでしょう。確かに人間はさまざまな文化や社会をつくりながらも、その根底には変わらないものとしての「ヒトの本性」のようなものがあるのかもしれません。しかし、わたしはここでむしろ「裸＝『け（毛）もの』ではない」ということにこだわってみたい気がします。厳密にはヒトは裸でさえもなく、ちゃんと体中に毛があります。しかし、それは寒さを防ぐのにも雨の中で活動するのにも役立たず、結果としてわたしたちは服や家を発明しています。よく、ヒトを特徴づけるものとしてあげられる火の使用

図4-2 シンリンオオカミ（2013年１月24日撮影）

も、わたしたちが「裸」でなければ、きっかけを持たなかったかもしれません。このように「けもの」の系統につながっているのに「けもの」ではないという自分たちを考えることが、人間とは何かを考える上で大切なのではないでしょうか。そして、人間は自分たちだけではなく、イヌたちも大きく変えてきたのだと考える時、イヌを代表とする、人間が自分の生活に組み込み、それに適応して（あるいは適応させるための「品種改良」を施されて）姿かたちや習性が野生の原種とは大きくかけ離れてしまった、広い意味での「家畜」たちへの責任とも向かいあえるのではないかと思うのです。[※14]わたしはふだん、主に動物園を取材して文章を書いています。動物園は、動物たちの野生を保ったかたちでの飼育展示を試みることで、わたしたちにあらためて「人間って何だろう、人間がつくり出し家畜たちをも巻き込んできた社会とは何だろう」と考えるきっかけを得られる場であると考えています。[※15]

次のパートでは、こんなことも頭のすみに置きながら、鳥の巣と人間の家の比較を手がかりに、別の角度から「寝場所」について考えてみたいと思います。

スズメのお宿は期間限定

「おむすびころりん」は、古くから伝わる昔話です。ふとしたことでネズミの巣穴におむすびを落としてしまったおじいさんは、それを食べたネズミたちに招かれて、地面の下の世界を訪れ、思いがけない富（宝物）をもらいます。このような物語の型は、ネズミやおむすびを他のものに置き換えたパターンを含めて、ヨーロッパ北部からトルコやチベットなどにも見られるとされ、それらの比較やお互いの間に「伝える・伝わる」の文化的な交流があったのかなども研究されています。このようなネズミの世界という意味で「鼠浄土」という呼び名もあります。

日本に生息するネズミ類では、たとえばハタネズミが森や草の茂みなどで巣穴を掘り、地下に網目状のトンネルを作り上げます。植林地や田畑の場合は、根をかじられるなどの被害が出ますが、こういう習性を考えれば、「鼠浄土」が思い描かれたのも不思議なことではないでしょう。

では、「おむすびころりん」と同じようによく知られた昔話「舌切り雀」はどうでしょうか。このお話自体は17世紀の後半にかたちが整ったようですが、この物語の中でもおじいさんが山の森の中の「雀のお宿」（豪華なお屋敷として描かれることもあります）を訪ね、宝物の入ったつづらをもらうという展開があります。しかし、地下というわたしたちの知らない生活の場を持つネズミに対して、スズメはいつもわたしたちのそばで暮らし、現代ならたとえばエアコンのチューブ用の穴に巣を作るなど、まったく秘密はないように見えます。そんなスズメたちが、どうして森の中のふしぎな世界の住人として描かれたのでしょうか。

実はスズメは森の木のうろでも営巣することがあります。考えてみれば当たり前ですが、もともとはこれがスズメの巣作りの基本だったと考えられます。スズメは人間の家のあれこれの隙間も木のうろと同じように利用しているのです。この時、人家（人間の家）ならば、巣の卵やヒナがヘビなどに襲われにくいとも考えられ、このような利点からも、スズメは人家での巣作りを行う方向に進んできたのでしょう。[※16]

また、人の近くにいれば、昔からの田畑から現在の街の中の小さな空き地（野原）まで、スズメはさまざまな餌場を効率よく得ることができます。結果として、スズメはカラス同様、「街の鳥」

と見えますが、正確には「街を森や草原のように利用できる鳥」と言うべきでしょう。[※17]

さらに見ていくならば、そもそもスズメが人家に巣を作るのは繁殖の時だけです。東京を基準にすると、スズメは2月頃からつがいをつくり、巣作りの場所を探す行動を見せます。こうして3月頃には草などを集めて巣作りに励み、4月下旬に産卵します。この後、5月からはヒナを育てる時期となります。実際にヒナが育ち巣立つまでは1カ月くらいですが、親鳥は8月末頃までに2～3回の産卵・子育てを行います。

巣立ちしたヒナたちはしばらく街の公園などで小さな群れをつくって過ごします。巣立ち直後は親鳥が餌を与えるのも観察されますが、やがて親鳥は次の子育てに入るのでヒナたちは自力で草の種などの餌をあさって生きていくことになります。

やがて、6月下旬頃からはその年の子育てを終えた親鳥たちも群れに加わるようになり、この頃から9月頃までには数十羽から１００羽程度の大きな群れができあがって、スズメたちは翌年の繁殖期のはじまり（2月頃）までを群れで過ごすことになります。秋（10～11月）には街を離れて、田畑の多い地域に移動する群れもありますが、12月以降にはほとんどが街なかに帰ってきます。また、秋から冬にかけて、寒さの厳しい地域から南に向けての一種の「渡り」も見られますが、その年生まれの若鳥を中心に、そのまま別の土地に定着するものも見られます。個々のスズメについて考えるなら、スズメは必ずしも人間のすぐそばで暮らし続けるわけではないというのは、ますます明確な事実であることがわかります。そして、鳥にとって巣はあくまでも繁殖のための装置で、わたしたちが思い描くような「おうち」ではないということが重要です。動物園などを考えても、それが展示を通して動物たちの野生を伝え、本来の生息地の保全などへの人々の関心や支持を高める役割を担っているとしたら、飼育展示施設が「動物のおうち」であるような発信や受け取り方には慎重であるべきでしょう。

さらに、スズメの群れは夜になると街や田畑のまわりの、丈の高い草むら（アシ原など）や竹やぶ、街路樹などをねぐらにします。1カ所に数万羽のスズメが集まってくることもあります。もともと、このありさまこそが「雀のお宿」と呼ばれてきました[※18]。

スズメが古代から人間との縁が深い動物だったのは事実です。8世紀前半に成立した『日本書紀』でも粟の畑に縄を張ってスズメに食べられるのを防ぐというお話が出てきます。少なくとも、この時代にはすでに、スズメは穀物を食べにくる鳥として意識されていたわけです。本来は森に巣を作りつつ、盛んに人の生活にも入り込んでくる存在として、スズメは人間の世界と森の奥の別世界をつなぐ存在としてイメージされていたのではないかと考えられます（鳥一般が天空の別世界と地上をつなぐものとしてイメージされてきたと考えられています）。

鳥の巣はそれぞれの種がさまざまな環境に適応して作り出したものなので、ユニークな特徴があるものも数々見られます。スズメ同様に古代から日本人に親しまれてきた鳥として、たとえば、カイツブリは足が極端にお尻寄りにありますが、これは深く潜って魚などを捕るための形態です。潜水艦のスクリューが最後尾についているのと同じ原理と言えるでしょう。このようなカイツブリは、巣も水の上に作ります。水辺の植物の葉や茎を組み合わせた「浮巣」です。この巣は水量が変化しても沈むことはありません（巣は大水で流されないように水草や岸辺の枝などにつながれています）。抱卵中の親鳥は、巣を離れる時には巣材で卵を隠すと言います。ヒナがかえると、親鳥はヒナを背負って泳ぐ行動も示します。これは巣のヒナを狙うヘビや猛禽などへの対策でしょう。琵琶湖は古くから「鳰《にお》の海」と呼ばれます。鳰とはカイツブリのことです。琵琶湖にはそれほど多くのカイツブリが生息します。

「子を思ふにほ（鳰）の浮巣の揺られ来て捨てじとすれや水隠《みがく》れもせぬ」

これは12世紀の終わりの源頼政の歌ですが、浮巣のそばのカイツブリが水に潜らないのは巣が流されて子を失いたくないからだろうといった内容です。必ずしも正確にカイツブリの生態をとらえているわけではありませんが、昔から貴族や武士たちは、はかないものの象徴として「鳰の浮巣」を歌に詠んできたのです。

オーストラリアのオオアズマヤドリの場合は、さらにユニークです。オオアズマヤドリのオスは小枝などを集めて、囲いのようなものを作ります。これが「あずまや」（元の意味は、伝統的な庭園などの休憩所）と呼ばれるのですが、彼らはこのあずまやのまわりに、木の実や花、さらにはインコの羽やセミの抜け殻なども並べて飾りつけます。他のオスのあずまやから見ばえのよい飾りを盗むこともします。しかし、これはねぐらでないばかりでなく、一般的な意味での鳥の巣でさえもありません。メスは、見ばえのよいあずまやを作るオスを、すぐれたオスと認めて交尾しますが、その後、別の場所に巣を作って産卵します。アズマヤドリの「あずまや」は繁殖のための装置ですが、そのはたらきは「出会いの場」なのです。

こうして巣作りの技術を展開する鳥たちですが、これまでに述べたように繁殖期以外は木の枝などにとまって眠るのが普通です。鳥類はほ乳類とは異なった構造ながら脳、特に思考や学習などを司る部位が発達しており、そのメンテナンスのためには、しっかりとした睡眠が必要です。また、一定の周期（多くの鳥では春か秋またはそれらの2回）で起こる換羽《かんう》の間は睡眠時間が長くなることが知られています。そうやって換羽のためのエネルギーを保っているのでしょう。しかし、その眠り方はヒトやチンパンジーの「寝床でごろり」というのとはずいぶんちがうありさまを示すのです。

枝にとまったままで眠れるということは、睡眠中もしっかりと枝が握れているということです。そこには鳥ならではのいくつかの能力や習性が生かされていると考えられています。まず、全身の骨格筋が緩むレム睡眠について、鳥の1回のレム睡眠は数秒しか続かず、バランスをくずして落ちることにはならないのではないかということです。また、鳥類では半球睡眠をするものが確認されており、その場合は眠っていない側の脳でバランスを保っているという可能性もあります。さらに、足そのものにも特別なしくみがあることがわかっています。わたしたちは列車の中で立っている時、どうしようもなく眠くなると、ひざががくっとなります。そこで、はっと気を取り直したり、つり革をつかんだりしなければ、まさにひざからくずれ落ちてしまうでしょう。しかし、鳥はちがいます。鳥は睡眠によって足の力が緩み、曲がってくると自動的に爪のついた指が曲がり、枝をしっかりとつかむのです。鳥では足首まで伸びてきた筋肉が、そこから先では腱《けん》になっています。腱はそれぞれの指先まで伸びてつながっています。ひざや足が曲がると、この腱のはたらきで（腱が伸びて）指が枝をつかむことになります。逆に指を開いて枝を放すためには、足をまっすぐにしなければなりません。しかし、こういうしくみがはたらいていないように見える鳥の例も確認されており、鳥が枝にとまったままで眠れることの謎はいまだに残されています。

次にツルやフラミンゴを見てみましょう。これらの種の足は第1趾（親指）が退化しており、枝にとまることはできません（ツル科ではアフリカに住むカンムリヅルのなかまだけが枝をつかめるような指を持っています）。そして、地上で立ったまま眠ります。この時、ツルやフラミンゴではしばしば一本足で立っていることが注目されます。これは休息の時も見られる姿ですが、まず片足立ちはツルやフラミンゴだけの特徴ではないことは注意が必要です。ツルやフラミンゴは体も大きく足も長いので一本足が目立ちますが、他の鳥たちもしばしば一本足になっています。種類によっては、長い時間、片足で枝にとまっているものも珍しくありません。わたしたちが片足で立ち続けようとするなら、とても不安定ですが、鳥はヒトとちがって、足首が自由に曲がるような関節を持ちません。このため、片足立ちの負担はかなり軽くなります。

そして、鳥が片足立ちで睡眠や休息をとることの利点としては、保温があげられています。鳥にとって羽毛がなくて細い（体積に対して表面積が大きい）足は体温が奪われやすい場所です。だから、順番に片足ずつ羽毛の中に引っ込めて、体温の低下を防いでいると考えられます。また、鳥たちは足のすねのあたりで毛細血管が網状に発達しています。ここで、足に流れ込んでくる温かい動脈血と足から戻ってくる静脈血の流れがふれあうことになります。こうして、静脈血は温められて体内に戻ることで、体全体が冷えてしまうことが防がれるのです。このような毛細血管の網状構造はワンダーネットと呼ばれています。キリンなどでは、長い首を高圧で押し上げられてきた血液が頭のつけ根のワンダーネットで減圧されて脳の血管に負担がかかるのが防がれていますが（高速道路から一般道路に降りる際のぐるぐる回りのインターチェンジを思い浮かべてください)、鳥、特には長い足で、しかもその先をしばしば水につけた状態でいるツルやフラミンゴでは、片足立ちは保温のために欠かせないしくみとなっているのです。そもそも、枝にとまったり立ったままだったりで眠ること自体が、日常的なねぐらを持たない鳥たちにとって、地面に体をつけて体温を奪われることを避けているととらえられます。鳥たちがしばしば、くちばしを羽毛にさしこむようにして眠っているのも、足同様、くちばしが体温を奪われやすい場所だからです。ちなみに、カモなどが首を背に曲げたまま水面に浮いていることがありますが、これは捕食者に襲われにくい状態で休息や睡眠をしているのであろうと考えられます。

足からの放熱を避けるということでは、体感温度がマイナス60℃にもなるという南極の真冬に耐えるコウテイペンギンがいます。コウテイペンギンは指のつけ根だけで立ち(この姿はヒトのかかと立ちのように見えますが、鳥がふだん地面につけているのは指だけで、一見逆曲がりのひざのように見えるのが足首です)、できるだけ地面に足がふれる面積を減らしています。また、時には数千羽が群れて、互いに順番に群れの内側と外側を移動しながら体温を保ちます。結果として、単独でいると1日あたり0.2kgの体重が失われるのに、密集していると1日あたり0.1kgの体重の減少で済むというデータがあり、それだけエネルギーを節約できていることになります。コウテイペンギンはこの真冬の密集生活を送りつつ、同時にペアで繁殖します。メスが産んだ卵をオスが温めるのですが、この時も卵は足の上にのせられ、父親の腹の羽毛に包まれて守られます。卵がかえるまで食事にも行けないのでつらいとも思いますが、これが極寒の地でのコウテイペンギンたちの環境適応です。卵を守りながら温めることと、その間の親のエネルギー消費をできる限りおさえることのバランスが、このような習性を生み出したと考えられます。コウテイペンギンのオスは睡眠をとる間も抱卵し続けるわけですが、彼らの適応を生み出した進化の歴史を思う時、わたしには、卵を温めるコウテイペンギンの姿が「夢見るように育てている」とも映るのです。[※19]

畳はでっかい集合ベッド？

鳥類の巣が種ごとに環境に適応して作られてきた繁殖のための装置であることを見てきました。人家を利用するスズメ、鳰の浮巣のカイツブリ、そして、コウテイペンギンのオスの足の上まで、すべてを「巣」として比べ合わせることができるのです。

さて、ではあらためて鳥の巣とは異なる人間の「家」を考えてみましょう。すでにチンパンジーのベッドを見てきましたが、それは使い捨ての「ワンデイ・タイプ」でした。一方、現在のわたしたちが「家」としてイメージするのは、もっと長期的に定住できる施設であり、また、そこはしばしば複数の人間が同居して寝食をともにしている場でしょう。チンパンジーも群れのメンバーとなり合わせで、互いに意識しあいながら寝ていますが、その日その日で場所が変わります。こうして、鳥とはちがって繁殖以外の役割も兼ね備え、家族・親族といった一定の集団の共生の場でもあるというのが、わたしたちにとって一般的な「家」と考えられます。[※20]

このような意味での「家」は、わたしたちと進化系統が近いチンパンジーのような類人猿よりも、もっと離れた動物たちの巣に比べ合わせるべきかとも思われます。たとえば、霊長類としては原始的な特徴を多く残しているとされる原猿類です。アフリカのガラゴ類は木のうろや茂みに巣を作り、そこで眠ったり子を育てたりします。ガラゴは小型の霊長類なので、時には鳥が作った巣の跡を利用することもあると言います。[※21]

あるいは、さらに異なる動物種としてアナグマを考えてみましょう。アナグマはイタチ科ですが、その前足の爪は鋭いだけではなく、がっしりとしていて、いわば先が分かれたクワのようになっています。アナグマはこの前足を生かして、いくつも出入り口のある複雑な巣穴のネットワークを作ります。ヨーロッパアナグマは20頭ほどになることもあるオスメスの混じった群れをつくり、その巣穴は10カ所以上の出入り口を持つ、トンネルの長さを足し合わせると100mを超えることもある大規模なものです。[※22] そんなアナグマにも「住まいの悩み」があります。そのひとつがノミの発生です。アナグマの巣穴は天候に影響されない安定した環境で、そこで眠るアナグマによって温度や湿度が保たれるのでノミにとっては絶好の繁殖の場となります。ノミは動物の巣材の中に卵を産みますが、卵からかえった幼虫は動物のフケなどを食べて成長し、サナギを経て成虫になるとぴょんぴょんと跳ね回り宿主を見つけては吸血します。しかし、アナグマは巣穴内で2〜3日おきに別の部屋で休むことで巣材の温度を下げ、ノミの繁殖をおさえているとのことです。ヒトはひと晩にコップ1杯程度（約350cc）の汗をかきます。これによって体温を下げて睡眠の質をよくする効果があるとされますが、そんな汗かきで体温の高い動物でありながら、同じ家の同じ寝床を使い続けるわたしたちは、衛生のためにふとんを干さなければなりません。もしかしたら、いくつも寝床があるアナグマの巣穴はヒトよりも豪邸だと言うべきなのかもしれません。[※23]

そもそも、人間においては大規模な家族が定住する1軒の家というのは特定の時代や社会の中で発達した歴史的なもので、ヒトという動物の一般的特徴ではありません。１カ所に定住して農耕を行うのではなく、獲物を狩り、野生の果実などを採集して暮らす狩猟採集民は、人類の古い時代の生活様式を考える手がかりを与えてくれるものとして注目されていますが、たとえば、タンザニアのハッザ人は血のつながりや友人関係などがある小規模な集団（せいぜい30名程度）で移動します。雨の少ない季節ならば数名単位でたき火を囲んで眠りますし、雨季には小枝や草を編んだ小さなドーム型の小屋で寝泊まりします。この小屋は１時間ほどで作られ、家というよりはキャンプのテントのようなものと言うべきでしょう。[※24]

そして、あらためて日本ですが、伝統的な寝床というと、まずは畳が思い浮かびます。少し脱線しますが、以前に、とある動物園でこんな話を聞いたことがあります。その園では昔ながらのコンクリートの床のオリでタヌキを飼育していました。しかし、タヌキの担当者は、より自然な環境での飼育展示をしたいと考え、彼の提案をもとにタヌキやキツネなどが土や草のある展示場で暮らす新しい施設が作られました。その飼育員にインタビューしたことがありますが、彼は「タヌキなら地べたの上で暮らして死んでいきたいんじゃないかと思った。自分は日本人だから畳の上で死にたいと思う」と言っていました。

さて、そんな畳の歴史を少し振り返ってみると、奈良の東大寺にある正倉院は８世紀から聖武天皇の遺品などを収蔵してきましたが、ここには１２００年以上前の「御床《おんとこ》」と呼ばれる木製ベッドがあります。このベッドの上で敷物とされていたのが畳の始まりではないかと考えられています。これはまだ、ゴザに近いもので、いまのような構造の畳が作られるようになったのは室町時代頃とされています。このような畳は高価だったので、一般の人々は板の間に畳を1～2枚敷いて、その上に寝ていたようです。一方、ベッドの方は、平安時代に履物を脱いで建物の中に入る寝殿造りが生まれると、いわばこの建物全体が「屋根付きの大きなベッド」と見なされたようで、個別のベッドは見られなくなっていったと言います。

現在、わたしたちは一面に畳を敷いた部屋でごろごろしたり、1間の中で何組もふとんを敷いて「ざこ寝」をしたりします。カーペットの部屋でも、おとなまでがごろごろしたりしますが、これは欧米人には奇妙に見えるかもしれません。「御床」のようなベッドからの歴史を考えると、畳の部屋はいくつものベッドを並べたものと考えるべきなのかもしれません。部屋中全部ベッドなのだから、ごろごろしたくもなりますよね。そして、みんなでいっしょに住むのなら、なんとなく「この畳のあたりがこの人の寝場所」というのも決まってくるでしょう。

では最後に、18世紀の後半に関西で作られたのが元とされ、お座敷でごろ寝の場面が出てくる「寝床」という落語をご紹介しましょう。

ある大きな店のあるじ（だんな様）がいましたが、趣味で義太夫節を語るのが大好きでした。義太夫節というのは三味線の伴奏で人形などの芝居に合わせて筋を語るものです。絞り出すような声が特徴ですが、この落語のだんな様はしろうとですから、聴いていると頭が痛くなるようなへたくそでした。それで、だんな様が義太夫節をやるから来なさいと言われても、出入りの商人もだんな様から家を借りている者も、いろいろ理由をつけて聴きに来ません。とうとう怒り出しただんな様は、商人は出入り禁止だし、家を借りている者はみんな出て行けと言い出します。それでみんな、しかたなくだんな様の義太夫節を聴きに来ますが、普通にしていてはとても耐えられないと出されたお酒をがぶがぶ飲み、やがて酔っぱらって、いつものように声を絞り出して義太夫節を語っていただんな様が気づくと、集まっている人たちはみんな、座敷でごろごろと眠ってしまっていました。またもや、だんな様は怒りますが、ふと見ると、家で使っている子ども（小僧さん）だけがしくしくと泣いています。その日は悲しい物語もあったので感動したのだろうとうれしくなっただんな様は「何がそんなに悲しいんだい」とたずねると、小僧さんはこう言いました。

「だんな様が義太夫節をやっているところが、わたしの寝床なんで、わたしは寝る場所がないんです」

おあとがよろしいようで。

※1　ちなみにジャイアントパンダを含む現生のクマ科は5属8種です。一方でたとえば、ウシ科は50前後の属に分けられています。
ただし、分類はあくまでも人間が一定の基準を設けて行っていることには注意しなければなりません。もとより、気ままな分類が行われているという意味ではないし、クマ科がウシ科なみに多くの種に分けられたり、逆にウシ科がクマ科なみに絞り込まれることはないでしょう。しかし、DNAのレベルから生態の観察まで、新しい情報によって再検討が行われ、種が分割されたり統合されたりすることは珍しくありません。大切なのは、どんな基準で種が分けられ、また、どんな理由でそれが見直されるのかということです。

※2　大型類人猿は「ヒト以外の現生のヒト科動物」を示すのには便利な通称ですが、系統的にヒトと仕分けられたものではありません。進化の系統の近さで分けるなら、まず、ヒトとチンパンジー・ボノボがひとまとまりとなり（ヒト族と呼ばれます）、次に近いのがゴリラ（ここまでがヒト亜科）、そして、オランウータン3種をまとめたオランウータン亜科と合わせてヒト科が成立します。

※3
なお、小型類人猿としてはテナガザルのなかまがいて、これらはテナガザル科としてまとめられています。ヒト科とテナガザル科の両方を含む分類単位としてはヒト上科というまとめ方がされています。

※4
比較的大型であるヒト科動物が不安定な枝の上で果実を食べようとした際、枝を折り曲げたりして落ち着いて食べられる環境を作ることを覚え、そこを休憩・睡眠などに使う進化が進んだのではないか、という考えもあります。もしもそうであるなら、ベッド作りの技術は、ヒト科の共通祖先にさかのぼるような遠い昔から、アフリカでもアジア（オランウータン）でも延々と引き継がれてきたのかもしれません。

※5
チンパンジーがベッドの材料に選ぶ木は、よい香りがするという報告もあり、もしかすると蚊よけなどになる樹種を選んでいるのではないかとも言われています。少なくとも樹上のベッドは地上よりも蚊などの被害にあいにくいのは確かです。

※6
見出しに使った「チンプ」はチンパンジーの略称として欧米でも広く用いられますが、「オランウータン」はマレー語で「森の人＝オラン（人）＋森（ウタン）」に由来するので、日本でしばしば用いられる「オラン」という呼び名は日本独特の略し方と言えます。

※7
ボノボでは体の上に枝葉をのせて、雨をしのぐ姿が見られるとのことですが、オランウータンの「屋根」のような本格的な工夫はないようです。

※8
オランウータンの住む森にも年2回の乾季はありますが、チンパンジーの住む森の中には、雨季と乾季で気温などが大きく変動するところもあり、そういう森ではチンパンジーは気温が下がる雨季には樹上で過ごし、暑くなる乾季にはより涼しい地上部の活動が増えるという報告がなされています。これは、より季節変化の少ない地域に住むボノボとは対照的であるともされています。本文でも少しふれているようにチンパンジーとボノボの寝方にはちがいが見られますが、近縁な2種は異なった環境に適応するかたちで分かれていったとも言えるのでしょう。

一斉結実期には食べる行動のほぼ１００％が果実を対象とすることもありますが、欠乏期の果実食は10％程度まで落ち込みます。ただし、そんな中でもイチジク類の果実だけは、かろうじてオランウータンの口に入っています。

※9
この時期、オランウータンの尿には体内に蓄えた脂肪が分解され利用されていることを示す「ケトン体」という物質が検出されます。裏返せば、食べられる時に食べて脂肪を蓄えているわけです。オランウータンのおとなのメスは小学校高学年の女の子くらいの体重ですが、果実が多い時期には１日あたり約７４００カロリーにあたる食べものをとっていることが知られています。板チョコなら20枚以上です。

※10
たとえば、自分の日常の行動範囲の外の他の地域では果実が豊かであるといった状況ならば「果実を積極的に探し回る」戦略をとることもあるようです。この場合、行動域が広く、過去からの経験が豊かなおとなオスなどの動きが（それぞれ単独に暮らしていても存在を知らせる大きな鳴き声などは聴こえるので）、他の個体にも「探せば果実があるかもしれない」という期待と行動を引き起こすのではないかといった流れが考えられています。

※11
オランウータンの子どもは、生後10年以内には母親から独立します。オスの子の場合、かなり遠くまで行って、自分の行動域を確立します。時には、他のオスと争いになることもありますが、そうやって作り上げられる行動域は複数のメスの行動域を含み、オスはそれらのメスと交尾して子どもをつくります。一方で、メスの子は母親の行動域に比較的近いところに落ち着くとされています（それでも数km は離れていますが）。このようなありようの全体は、トラなどとよく似ているようにも見えますが、オランウータンは数km以上も離れながらも、お互いの存在をある程度知っており、そこに緩やかで広大な社会意識があるのかもしれないとも言われています。

※12
このような社会の成り立ちならば、シルバーバックにとって群れのメスの子は自分の子ということになるので、守ってやることが確実に自分の血筋の維持につながります。シルバーバックは離乳した子どもたちの相手も積極的に行い、チンパンジーやオランウータンとはちがって、ゴリラは「（子どもに対する保護者としての）父親のいる社会」であることが知られています。

そんなキリンのふだんの睡眠については、ゾウと同様に子ども時代には横寝が目立ちます。しかし、飼育下での観察によると、10歳くらいから立ち寝が増えはじめ、15歳前後からは10分程度の連続した立ち寝が可能となるとともに、睡眠時間の半分は立ち寝となるという報告があります。ただし、ゾウでは夜が更けるにつれて横寝が増えるのに対して、キリンの立ち寝は明け方に目立つともされ、今後さらに比較研究が望まれます。それによって、それぞれの立ち寝の、行動としての意味が問われていくことになるでしょう。なお、飼育下のキリンは13～15時くらいに数分の昼寝をすることも知られています。

※13 ウシと同じ反芻動物で、北極圏を含む寒冷な地域に住むトナカイ（シカ科）では、群れのメンバーが20分ほどの交代でぐるりと壁を作って雪や風を防ぎ、その間に他のメンバーはこのなかまの壁の中で丸まって横たわると言います。この時、壁を作っているメンバーはうとうとしながら反芻をしているようです。

※14 実はオオカミは、イヌのような睡眠のあり方をしているわけではありません（図4-2）。オオカミはイヌ科として大型（現生のものでは最大種）で、大型ネコ科動物同様、昼の日なたでもゆったりと眠ることが知られています。イヌはおしなべて、原種であるオオカミより小型化しており、小型の品種の方が睡眠と覚醒を繰り返す周期が短くなる傾向がありますが、全体としての1日の睡眠時間は、体の大きさと明らかに結びついているとは言えません。イヌは人と暮らし、飼いならされるうちにオオカミ本来の習性からそれてきたのでしょうか。本文でもふれたように、番犬として役立つためには常に浅い眠りで警戒してくれる方がよいといったことが考えられます。

あるいは、イヌの祖先はいまのオオカミとは、何か系統的なちがいがあったのでしょうか。絶滅したニホンオオカミの標本からのＤＮＡを用いた最近の研究では、ニホンオオカミが他の現生のオオカミよりもイヌに近縁であることが示されました。ニホンオオカミは他のオオカミと比べて、かなり小型であることもわかっています。これらのことから、遠い昔に東アジアのどこかでニホンオオカミの系統と現生のオオカミの系統が分かれ、さらにこのニホンオオカミの系統の一部からイヌが生まれたのではないかと考えられています。そして、イヌとヒトの長い共同生活が始まりました。ヒトの方もイヌとの暮らしの中で、イヌとの共感の能力を含めて、さまざまな変化をしてきたであろうと指摘されています。イヌの起源の研究は「人間とは何か」という問いにつながっていくでしょう。

※15 野生動物もまた、人間社会の影響でその行動を変えています。日本の動物で考えても、山梨県の果樹畑での調査ではイノシシ（図4-3）は日暮れとともに夜通しの活動を開始していますが、福島の原発

避難区域では昼間から集落の中をイノシシが群れて歩くのが観察されました。イノシシは人間への警戒心から行動を定めていると考えられます。一方でシカは本来、森林や低木の中に隠れ住み、朝夕の薄暗い時間帯に活動する（薄明薄暮型）のが知られていますが、狩猟が制限され、人間に脅威を感じなくなっている日本のシカは、昼間にゴルフ場などの開けた場所にあらわれるといった変化が見られます。動物たちの柔軟な対応がわかりますが、わたしたちがそれらに影響を与えているという責任も自覚しなければならないでしょう。

※16　この数十年の展開としては、人家以外の人工物でも、電柱に付属するパイプの中や金具などにスズメが巣を作るようになっていることが知られています。もっとも、最近は電柱を道路の下に埋める工事が進んでいるので、このような巣作りも形を変えていくことでしょう。

※17　いまでは街のカラスの代表であるハシブトガラスですが、英語では「ジャングル・クロウ」（森のカラス）と呼ばれます。ハシブトガラスはもともと、木の生い茂った森を生息場所とします。そして肉食、つまり動物質をとることを好みます。しかし、現代の都市では人間の出したゴミなどで好みの餌は手に入りますし、木の代わりになる電柱、電線、建物なども豊富にあります。実際の木も街路樹などが植えられています。こうして、本来は森林生活者のハシブトガラスは、いまや草原生活者のハシボソガラス以上に、人間の都市生活に適応している

図4-3 ニホンイノシシ（2015年11月５日撮影）

のです。

※18　昼間に餌をあさる際も、たとえば見通しのよい田んぼだけが広がるような場所はスズメたちに避けられる傾向があります。たとえ田んぼでも、何かあった時にすぐに逃げ込める草むらなどが近くにある状態が好まれます。スズメは人間の生活にたくみに入り込んでいますが、その人間たちを含めて、まわりに一定の警戒を持ち続ける野生動物としての性格も保っていると言えるでしょう（中には、人の手から餌を食べるような個体も見られるようになっているとのことですが、そういう安心感を学習してしまうことが好ましいかは、人間の側にとってもこれからの課題でしょう）。

※19　オスに卵を預けている間にメスは海に出かけて魚を捕らえ食事をします。海と繁殖地はかなり離れているので、メスが十分に栄養を蓄えて帰ってくるまでには60日ほどかかります。これはちょうどヒナが卵からかえるまでの時間と重なります。メスが戻ってくるとオスはヒナをメスに預けて、今度は自分が魚を食べに出かけます。ヒナはメスが吐き戻す魚を与えられて育ちます（卵がかえってメスが戻るまでは、オスが吐き戻しによる給餌を行います）。こうして、抱卵の期間に、それに先立つ繁殖地までの移動やメスと交代してから海にたどり着くまでの期間を足し合わせると、オスは120日間くらい絶食していることになり、体重も40％近く減ってしまうと言います。オスが眠りながら卵を温めるのはエネルギーの節約からも理にかなっていることになります。

※20　この後でも少し述べるように、ひとつの「家」にいっしょに住むのがどんな関係の人たちかなど、社会や文化によるちがいが大きいのも人間の「家」の特徴です。また、近年は「生まれるのも死ぬのも病院」といった言い方が象徴するように、あらためて「家」の機能が他の場に割り振られ、わたしたちの社会全体が新たなかたちに変わっていこうとしているようにも感じられます。

※21　一般に親が子を背負ったりおなかにしがみつかせたりして活動する動物種の育児法をキャリーイング、巣などに子を置いておく育児法をパーキングと呼びます。パーキングの動物では授乳は母親が巣に戻った時のみですが、キャリーイングの動物はより多くの回数、授乳することができます。このような暮らしを反映して、パーキングの動物の母乳は、近縁でキャリーイングをする動物の母乳に比べて濃くなることが知られています。一度にまとめて栄養を与えるわけです。キツネザル類としてまとめられ

るマダガスカルの原猿類にはパーキング・タイプとキャリーイング・タイプがいますが、たとえば、キャリーイング・タイプのワオキツネザルは比較的薄い乳を出すことが知られています。

※22　アナグマの繁殖のしかたとしては、おとなのオスメスがそれぞれ単独で巣穴を作り、メスは巣穴で一度に数頭の子を育てます。ニホンアナグマはこのような暮らしをしていますが、ヨーロッパアナグマは本文のような大規模な群れとおとなの単独生活の両方が見られます。

※23　ノミは温度や湿度の安定を必要とし、宿主から宿主へと盛んに移動するので、継続的に使用されないチンパンジーのワンデイ・タイプのベッドでは生き続けることができません。なお、シラミは宿主のチンパンジーにくっついたまま、いっしょに移動します。

※24　樹上からしだいに地上での活動を行うようになっていったアウストラロピテクスなどの初期人類は、最初は猛獣などを避けて樹上での睡眠を行っていたのではないかと考えられています。やがて木の下や岩かげなどで眠るようになり、そうやって森を離れて分布を広げることを可能にしていったとされています。なお、ハッザ人の小屋の実物大模型は、よこはま動物園ズーラシアの「アフリカのサバンナ」ゾーンで見ることができます。サバンナに生息する動物たちの生きた姿を観察するとともに、そこで暮らす人々の文化や社会のことも思い描いてみてはいかがでしょうか。

2 海に眠る眠りの秘密

みずみずしい眠り

ここからしばらくは、主に海で暮らす（あるいは暮らしていた）動物たちを取り上げます。そこから、睡眠とは何か、その進化的な起源はどのように考えられるか、といったことについて、さらに踏み込んで見ていきます。

まずは海牛類（マナティーやジュゴンのなかま）です。海で暮らすほ乳類の代表として、イルカをはじめとする鯨類の眠りについては、すでに詳しく見てきました。鯨類は現在でも生きている動物としてはカバなどと比較的近い共通の祖先を持つことがわかっており、クジラ偶蹄類としてまとめられます。クジラ偶蹄類にはウシも含まれますが、これらの種と海牛類は進化の系統がまったくちがって、むしろゾウなどと比較的近い共通の祖先を持つとされています。海牛類は、のんびりと水草などを食べる植物食で、そんなところが「海牛」と呼ばれた由来でしょう。[※1] こんな海牛類も鯨類同様、出産を含むすべての活動を水中で行います。当然、睡眠も水中です。そして、マナティーを例とすると、睡眠の25％ほどが半球睡眠であることがわかっています。

一方、鰭《き》脚《きゃく》類《るい》（アザラシやアシカなどのなかま）では、かなりちがった睡眠のあり方が見られます。鰭脚類と海牛類はなんとなく見た目が似ていますが、鰭脚類は食肉類の系統に属し、遺伝を司る細胞内物質であるＤＮＡを使った研究ではイタチなどと近縁であることが指摘されています。鰭脚類は水中をすばやく泳いで魚などを狩ります。また、出産は陸上で行い、睡眠も陸上と水中の両方で行います（ちなみに、鯨類や海牛類の後足は退化していますが、鰭脚類ではアザラシのように短くなっている場合はあっても後足が観察できます）。このような鰭脚類では、セイウチやオタリア（大型のアシカのなかま）の研究から眠りの５％ほどが半球睡眠であることが知られています。

海牛類と鰭脚類を比較しながら（また、鰭脚類どうしも比較しながら）、もう少し詳しく見てみましょう。すでにお話ししたように、海牛類は鯨類のように積極的に魚類などを狩る肉食性ではなく植物食で、特にマナティーは、鯨類がいるような沖合や荒れた海には出ていきません。そして、水底に沈んでじっと眠る時（着底睡眠）には、全球睡眠（一般的な睡眠）をします。１回の全球睡眠は４分ほどで、目覚めると呼吸のために浮上します。半球睡眠も行うのは前記の通りです。

アシカ類は陸上では全球睡眠ですが、水中では泳ぎ続ける半球睡眠を行います。睡眠の中心は陸上なので、半球睡眠はさきほどのような割合となるのです。そして、実験的に陸のない条件で飼育すると半球睡眠だけで過ごすようになりますが、やはりこれはアシカたちには不自然で、睡眠不足と思われる状態が観察されています。

しかし、同じ鰭脚類でもアザラシのなかまが半球睡眠をするという記録はいまだ得られていません。アザラシも陸上と水中の両方での睡眠が観察されていますが、アザラシは水中でも全球睡眠をし、この時には泳がないで深いところで息を止めて眠ります。たとえば、タテゴトアザラシは水中で約１分ほどですが、息を止め、ヒレも動かさずに眠り、また呼吸のために浮き上がります（この短い時間の中でもレム睡眠らしきものが観察されています）。

そして、アシカ・アザラシと同じ鰭脚類ですが、独立のセイウチ科とされるセイウチの睡眠は、アシカとアザラシの中間的なものであるように見えます。セイウチは陸上では主に全球睡眠を行いますが、時には、たまに目を開けてまわりを確認してはまた眠るという行動を示すこともあり、この時には半球睡眠を行っているのがわかっています。しかし、水中で眠る時にはアザラシと同様に、まったくヒレを動かすことのない状態となり（位置は水面だったり水中だったりします）、そのような睡眠のほとんどは全球睡眠です。この時には陸上以上に半球睡眠はまれとなります。具体的には、セイウチは、陸上では最大で睡眠（深いノンレム睡眠のレベルである徐波睡眠）の約10％が半球睡眠で、水中でも最大で約３％はそうであることが知られています。

以上のように、まったくちがう進化系統ながら水生適応（半水生）の結果、見た目には似ているところも多い海牛類と鰭脚類（同じ水という環境への適応による収斂《しゅうれん》進化）、あるいは鰭脚類の中でのいくつかの系統[※2]での睡眠を比較すると、いろいろな共通点やちがいが見つかります。そして、そこには同じ半水生とはいってもどんなものを食べているかなどの生態のちがいが反映されているのではないかと考えられます。脳は多くのエネルギーを消費する器官なので、それを発達させることはどんな動物種でもどんな環境でも生存に有利であるとは言いきれません。たとえ捕食者などの危険にさらされても眠らなければならないというのも、そういう「脳のコスト」としてとらえられるでしょう。また、脳のどんな部位が発達してきたかも、それぞれの種の環境適応との関わりで理解できるであろうと考えられます。これから野生や飼育下での観察・研究が進むことで、ヒトを含むさまざまな動物での環境適応と脳の進化の関係や、それとの関わりでの睡眠のあり方の進化について、さらに多くの謎の発見とそれらへの探究・解明が展開していくでしょう。

最後に、ラッコの睡眠をご紹介します。鰭脚類はイタチに近い系統だとお話ししましたが、ラッコはイタチ科そのものに属します。ラッコは体長（尾を除く）が１００㎝を超え、体重もオスなら40㎏以上になることもあります。これはイタチ科の中では最大級です。また、ラッコの毛皮は表面の長い毛の間に細かな下毛がびっしりと生え、その密度もほ乳類の中で最高級となります（この毛皮目当てで乱獲されたこともあるのですが）。このような体の大きさや毛の密度は、北極周辺の氷の浮かぶ冷たい海中にまでおよぶ分布域でも体温を奪われにくくする役目を果たし、ラッコの生態を支えていると言えます。しかし、同じように極地の氷の海にも住む鰭脚類に比べれば、ラッコはずっと小さいですし、鰭脚類はたっぷりと体脂肪を蓄えることでラッコの体毛以上の保温効果をあげています。そんなわけで、ラッコは比較的小さな体でも体温が保てるようにかなりの大食いとなっています。主食は甲殻類（エビやカニのなかま）、ウニなどですが、１日に体重の20～30％もの餌を食べるとされています。

さて、そんなラッコですが、睡眠は全球型の熟睡です。そして、その眠り方にはいま記したような、冷たい海に住むほ乳類としては比較的小型のイタチ類であるというラッコの生態との関わりが指摘できます。ラッコはしばしば、眠っている間に体が流されてしまわないように、海中にあるとても大きな海藻（ジャイアントケルプ）を体に巻きつけます。カリフォルニアでは夕方になると海岸からも、ラッコたちのそんな行動が観察できるとのことです。ラッコはイタチ科の中でのカワウソ類とまとめることができるグループに属します（カワウソ亜科ラッコ属）。カワウソのなかまは足に水かきがあり、水生適応が見られます（ニホンイタチなどにも、カワウソほどではありませんが水かきがあり、泳ぎは得意です）。淡水を中心に活動するカワウソでも海に出る例は知られていますが、ラッコは本格的に海での生活に適応した大型のカワウソと言っていいでしょう。カワウソのなかまは水辺に巣穴を掘り、眠る時もそれを利用します。ラッコが体に巻きつけるジャイアントケルプは巣穴のない海での生活で、その日ごとに作られる巣の代わりの寝床と言えるかもしれません。

体に巻きつける海藻がないような飼育下では、ラッコが手をつないで眠る様子も観察されています。人間でもお気に入りの毛布がないと眠れないとか、何かにふれていると安心して眠れるとかいう話がありますが、ラッコの場合は、野生での身を守る習性という、より実用的なものが反映されているのかもしれません。実際、野生のラッコも時に群れることがあり（英語でイカダを意味する「ラフト」と呼ばれます）、眠る時もひと集まりのジャイアントケルプにそれぞれが体を巻きつけていたりするので、野生でも手をつないで眠る個体はいるかもしれません。

だれが眠りを見たでしょう

「誰が風を 見たでしょう?
僕もあなたも 見やしない
けれど木の葉を ふるわせて
風は通りぬけてゆく」
（クリスティーナ・ロセッティ『誰が風を見たでしょう』、西條八十・訳）

19世紀のイギリスの詩人ロセッティはこのように詠《うた》いましたが、これにならって「だれが眠りを見たでしょう」と問いかけてみるなら、これは科学的には難しい問題を含んでいます。もしもヒトの標準的な睡眠を「完全な睡眠」とするなら、それは脳波を測ってレム睡眠・ノンレム睡眠の組み合わせなどの脳の状態を確認しなければなりません。また、裏返せば、この意味での「完全な睡眠」を持つはずの動物が「寝たふり」をしているだけなら、脳波の測定で見破ることができます。このような意味から、科学的に「完全な睡眠」とされるものは「脳波睡眠」と呼ばれます。

現在、脳波の点からヒトと同じようにレム睡眠・ノンレム睡眠からなる「脳波睡眠」が確認されているのは、ほ乳類と鳥類です。また、一部のワニやカメ、トカゲにもレム睡眠・ノンレム睡眠に似たものが見られることが知られています。さらに、熱帯魚のゼブラフィッシュの脳内の神経細胞の活動を調べると、眠っているように見える状態では、２種類の異なる特徴的な脳波が見分けられるという報告もあります。

ここであげたものはすべて、進化の系統として脊椎動物というまとまりに属します。そして、睡眠の定義（脳波睡眠）の基準になるヒトから見て、ほ乳類・は虫類・両生類・魚類と遠ざかるにつれ、脳波睡眠があると考えてよい確からしさが少しずつ、あいまいになっていることがわかるでしょう（鳥類については、後で独立して検討します）。これを逆に、ほ乳類へとたどるなら、ひとまず、大脳、特には脳の一番外側を包む大脳皮質の発達につれて、明らかな脳波睡眠が見られるようになったと映ります。そして、そのような大脳皮質の発達の最先端にいるのが、わたしたちヒトなのであり、だからこそ、わたしたちは明確な脳波睡眠をしっかりととることで、発達した脳の健康を保っているのだという考え方は、いまでも多くの人の素朴な思いの中にあるのではないでしょうか。

しかし、このように脳（特に大脳）の進化と睡眠の進化を並行的なものととらえ、進化の頂点にヒトを置く見方は、現在では単純すぎるし、誤解やあやまりを伴っていると考えられるようになっています。

まず、脊椎動物での脳の進化は「つけたし型」ではないと理解しておく必要があります。かつては、両生類やは虫類は、ほ乳類よりも単純な構造の脳を持っており、ほ乳類への進化の中で、それを包むように「新しい脳」が出現し積み重なってきたのだという見方がありました。しかし、現在では魚類からほ乳類まで、脊椎動物の脳の部位の組み合わせは、基本的には同じであり、ただ、脳のどこがより発達しているかで系統的なちがいが見られるのだという考え方が定着してきました。[※3]ほ乳類、特にヒトに向かう進化が大脳（皮質）の発達を伴っているのは事実です。じっくり考えて方針を定めるほ乳類に対して、は虫類はその場ごとのすばやい動きが重視される生活をしています。そんなは虫類は、ほ乳類のような脳の一番外側を包む大脳皮質ではなく、運動をコントロールする中脳とそこからの信号を受け止めるためのＤＶＲ[※4]（背側脳室隆起）と呼ばれる部位が発達しています。

以上から、ほ乳類以外の脊椎動物の睡眠について、慎重に考えなければならない問題点が浮かび上がってきます。脳波睡眠は脳波の測定で判断するからこそ、そのように呼ばれます。そして、「これは睡眠である」という判断のおおもとの基準となっているヒトの脳波の測定については、大脳皮質表層での計測が行われています。他の動物では、皮質内や皮質下の脳波の測定も行われていますが、いずれにしろ、ほ乳類で明確な脳波睡眠が確認されているのは、発達した大脳皮質を持つことと深く結びついていると考えられます。つまり、は虫類・両生類・魚類で、ほ乳類のような脳波睡眠が確認されていないのは、それが起きていないからではなく、ほ乳類よりも大脳皮質が発達していない（脳の進化の方向性がちがう）ため、それを測定するのが難しいからではないかという可能性があるのです。

そして、ほ乳類同様に脳波睡眠が確認されている鳥類ですが、すでに記したように鳥類にはほ乳類のような大脳皮質の発達は見られません。鳥類はは虫類の中から生まれた恐竜のなかまの最後の生き残りの系統ということになりますが、おそらくはそのことを反映して、大脳皮質ではなくてDVRが発達しています。鳥類が（ヒトのようなほ乳類と比較可能な）高い知能を持っているのはよく知られていることですが、それまでの系統的な進化から、大脳皮質の発達というまったくちがう方向性を作り出すよりも、もともとある程度発達していたDVRをさらに発達させて脳の機能を高めるという進化が起きたのだと考えられます。ほ乳類の大脳皮質は神経細胞の集まりが層になっていますが、鳥類のDVRでは神経細胞のかたまりが集まる「核構造」と呼ばれるかたちで、大脳皮質と同様にいくつかの部位に分かれています。つまり、ある種の知能の向上や脳波睡眠の発達に、大脳皮質の発達がなくてはならないのだというわけではないのです。

また、さきほどゼブラフィッシュが眠っていると思われる状態で2種類の脳波が観察できると記しましたが、これがほ乳類の脳波睡眠につながる原始的な睡眠と言えるかにも注意が必要です。たとえば日本なら本州の中部より南、西太平洋からインド洋にかけて分布するブダイは、海中が暗くなってくると岩かげに隠れ、粘液を分泌して体をすっぽりとおおう寝袋のようなものを作ります。これは、寄生虫よけになるとか、眠っている間に捕食者に襲われないようにするためとか、岩場に体がこすれないようにするためとかの解釈がなされています。ブダイと同じベラ目のベラ科の魚（ブダイはベラ目ブダイ科）には餌の貝を岩にぶつける一種の道具利用が見られるものもあり、このような知能の発達に伴って、その分だけしっかりと深く眠る必要があるのが、このような用心深い寝袋の準備と結びついているのではないかとも考えられています。※5

しかし、魚類にほ乳類と同じ意味での脳波睡眠が確認されているわけではないのを思い出さなければなりません。また、ゼブラフィッシュが脳波睡眠の原始形を示しているように見えるといってもそこからほ乳類に向けて直線的に進化を考えることはできません。ゼブラフィッシュにしてもベラ類にしても、「条」と呼ばれるトゲのようなものの間に膜が張ったヒレを持つ「条鰭類《じょうきるい》」と呼ばれる系統に属します。しかし、四つ足で陸上性を持つ脊椎動物である四足類（ほ乳類・鳥類・は虫類・両生類）につながる魚類の系統は、ヒレが筋肉質で、そこからいくつかの骨によって背骨までつながった骨格を持つ「肉鰭類《にくきるい》」です。肉鰭類に属する魚類でいまも生きているものとしてはハイギョ（肺魚）やシーラカンスが知られていますが、肉鰭類と条鰭類の系統は4億年以上前には枝分かれしていたと考えられます。つまり、条鰭類の一部ないしは脳が発達していると考えられるグループに脳波睡眠と比較できるものがあるとしても、それは四足類に属するほ乳類での脳の発達や脳波睡眠の発生とは別々に起こった進化かもしれないのです。

これは鳥類の脳波睡眠でも同様です。鳥類は恐竜の系統に属しますが、現在生きているは虫類の中では最も恐竜（鳥類）に近い（系統の枝分かれが新しい）と考えられるワニでは、眠っているのではないかと見られる時に「高振幅鋭波」と呼ばれる独特の脳波が測定されています。これは波形としては鳥類の睡眠時の脳波とはちがいますが、このような脳波が鳥類のノンレム睡眠のもとになったのではないかと考えられています。ワニには半球睡眠があるのではないかとも考えられています。眠っていると見られる時、ワニは普通、両目を閉じています。しかし、たとえば、人間が片方の目の方向から近づくことで目覚めたりすると、その後、20分ほどもそちらの目だけ開けていることが観察されています。これは群れて眠る水鳥などで、群れの外側の位置にいる個体がそちらを向いた目だけ開けて警戒しながら半球睡眠をする姿と重ね合わせられるでしょう。つまり、は虫類の系統ではワニや恐竜、そして、恐竜の中の鳥類への進化で、脳と脳波睡眠の発達が進んだのではないかということです。

詳しくは後でお話ししますが、脳波睡眠がいろいろな進化の系統で独自に発達したとしても、それらを比べ合わせることに意味がないわけではありません。むしろ別々の系統で同じような進化が起きたとしたら、そこには同じような環境適応（どんな生息環境でどんな生態をとるか）があったと考えられます(収斂進化)。つまり、脳波睡眠の進化を進めた要因とは何かが探究できるわけです。しかし、そのための研究は、まずはそれぞれの動物の系統でていねいに進められなければなりません。

こうして、いろいろな注意点が浮き上がりつつ、(脳波）睡眠の起源の探究の道が見えてきました。しかし、脳波を手がかりにできないなら何が睡眠で何が睡眠でないかをどのように見分けたらよいのでしょうか。なんとなく眠っているように見えるというのでは、わたしたちヒトのレベルでもあまりに不確かです。目を閉じて休息しているだけかもしれないし、寝たふりをしているのかもしれません。そこで、ある種の行動を「睡眠」と判断できるかについて、いくつかの基準が考案されています。実験的なものとして代表的なのは2つです。

まず、「眠りのリバウンド」と呼ばれる現象です。たとえばフナは、水中でぼーっとしていることがあり、もしかしたら眠っているんじゃないかと思わせるのですが、フナを入れた水槽を盛んに揺すって落ち着かない状態を続けると、翌日にはこの「ぼー」が増えるのです。このことから逆に「ぼー」はフナの睡眠を示す行動なのではないかという推察の確からしさが増すことになります。

なお、魚については「あくび」の研究も注目されています。ヒトを含む霊長類や海生ほ乳類では、あくびが行動の変化（非活発から活発へ）と結びついていることが知られています。ほ乳類は、外気の温度に対して、自分の体温を一定に保つはたらきが強くなっていますが（内温性と呼ばれます）そのような動物ではあくびによって血流が促されたり、脳の温度がある程度下がったりするのが刺激になって、活発な行動が引き起こされると考えられています。そして、２０２３年になって北海道大学のグループが、水槽の底でじっとしていたイワナが「あくび」と見られる行動をした後に、活発に泳ぎはじめることが多いのを統計的に確かめました。これによって、いまのところ魚類は「進化の歴史の中で最初に（行動変化につながるものとしての）あくびをした動物」なのではないかと考えられるようになっています。

フナの「ぼー」がそれを妨げると翌日の増加が見られることで「睡眠」と推察されたのと同様、このイワナの「あくび」でも重要なのは、見た目がほ乳類のあくびと似ている魚類の行動が、実際にほ乳類と同じく行動変化のきっかけになっていることが観察された、ということです。は虫類・両生類・魚類などが「眠っているように見える」かどうかだけでなく、その様子がどんなことと結びつけば、それがほ乳類や鳥類の脳波睡眠と結びつけて考察できる行動なのかという条件の設定が大切なのです。逆に言えば、眠っているように見えてもこれらの条件を満たさない行動は、睡眠とは別の枠組みで考えなければならないのではないかということでもあります。

もうひとつの目安は「覚醒閾値《かくせいいきち》」と呼ばれるものです。はっきりと起きているとわかる時に行うと必ず反応するような何かを、じっとしていたり目を閉じていたりするなど、「睡眠」を思わせる状態の時の動物に行って、もしも反応しなかったり、刺激を強めないと反応が起きなかったりする時、それは睡眠中だったからだろうと推察するのです。「閾」は、他に「しきい（敷居）」とか「しきみ」とも読みます。「しきみ」というのは家の入口に横に渡して、入れないようにする木のことです。つまり、もう少し現代的なたとえをすれば、「覚醒閾値」とは、眠っていると反応しやすさのハードルが上がるはずだ（反応しにくくなるはずだ）、という考え方と言えるでしょう。たとえばウシガエルですが、目を閉じていなくてもまったく動かない時があります（あるいは、まぶたとは別の瞬膜と呼ばれる半透明の膜だけが目をおおっていることもあります）。監修者の関口雄祐さんは自身の本の中で、庭で見つけたそういうウシガエルに１ｍくらいまで近づいても、ふだんなら気がついて逃げるのが、じっとしたままだったり、目の前で手を振っても反応しないことがあったりしたと書いています。覚醒閾値の考え方からは、みなさんがどこかの沼の泥の中でじっとしているワニを見つけて、そばに近づいて少し騒いでも襲われなければ、そのワニは眠っていると考えてよいでしょう（おすすめはしませんが）。

以上のような基準から「睡眠」と判断される状態を、脳波睡眠と区別して「行動睡眠」と呼んでいます。行動観察での「どうやら眠っているようだ」という判断は、こうしてその科学性（客観性と論理性）を高めるようになっているのです。そして、魚類や両生類でも「行動睡眠」が観察されることから、脊椎動物はその共通祖先の時代から何らかの「睡眠」を行っていたのではないかと考えられます。そこから、それらの睡眠は共通に持っている脳という構造との関係で理解できるのではないかという道筋も見えてきます。

次のパートでは、この行動睡眠の概念を踏まえて、脊椎動物以外の動物たちの眠りについても見ていきます。それによって、あらためて睡眠の進化についての、現在の見方を整理してみることにします。脳に限らず、動物の神経一般と睡眠の関係についても考えてみましょう。

タコの見る夢、どんな夢

脳波をはっきりと測定できない動物でも、その行動から単なる休息ではない睡眠の存在を推定できることがあるというお話をしてきました。ここでは、さらにさまざまな系統の動物での「行動睡眠」（睡眠ではないかと推定されている行動）を見ていきましょう。

まずは甲殻類です。

深海で暮らすタカアシガニはオスならばはさみを広げた姿が3mを超え、世界最大のカニとされています。また、系統的にも古く、その遺伝子を調べることでズワイガニやベニズワイガニなどの他の大型のカニ類の起源を知ることができるのではないかと期待されています。[※6]

このタカアシガニ、水族館などで見ると、深海を想定した薄暗い水槽の中でじっとしていることが多いのですが、実は夜になると活発に動き出すことが知られています。これは実際の深海でもそうなので、タカアシガニは夜行性と考えられます。

「窓に君の影が ゆれるのが見えたから

ぼくは口笛に いつもの歌を吹く
きれいな月だよ 出ておいでよ
今夜も二人で歩かないか」
（ＲＣサクセション『夜の散歩をしないかね』）

タカアシガニは日本近海に生息しますが、その分布は深海と呼ばれる領域です。主には水深２００〜３００ｍですが、時には８００ｍにおよぶ深さでも暮らしています。わたしたちの感覚からは、このような深海では、海の外で日が昇っても朝は感じられず、日が沈んで夜になっても特に暗さが増すわけでもないだろうと思われます。それでもタカアシガニは、わずかな明るさの変化を感じ取って、夜の訪れを認識しているようなのです。そして、夜の散歩をしながら食事をします。タカアシガニは動物食で、さまざまな動物を捕食することが知られていますが、得意なのは大きなはさみで貝を砕いて食べることのようです。それとうらはらに、昼間はじっと眠っているのであろうと考えられているのです。

甲殻類を含む節足動物では、たとえば三葉虫は５億年以上前からいましたが、昆虫類の起源は４億年かそれ以前で、しかし、節足動物としては比較的新しい系統であることがわかっています。
そんな昆虫類の中では、ゴキブリのなかまは古くから存在していました。ゴキブリもタカアシガニと同様に夜行性です。つまり、昼間の不動状態が睡眠と推定されているのですが、この時間帯に３時間ほど刺激を与え続けると、夜が来て本来の活動時間帯になっても、不動状態を続けることが確認されています。つまり、断眠のせいでリバウンドが起きていると考えられ、ここからあらためて昼間のゴキブリは眠っているのだという解釈が補強されることになります。

ショウジョウバエは遺伝子の研究を中心に広く用いられていて、その生態も細かく調べられていますが、ショウジョウバエにも行動睡眠が存在することが知られています。ショウジョウバエについては5分以上の不動状態を睡眠と判定していますが、ヒト（ほ乳類）の睡眠を促すセロトニンや覚醒を促すドーパミンをショウジョウバエに与える実験でも、わたしたちと同様の効果があり、同様の睡眠システムを持っていると考えられています。

そんなショウジョウバエには、「齢《とし》」による睡眠のあり方の変化が知られています。ショウジョウバエの寿命は約2カ月ですが、ショウジョウバエが卵から成虫になるまでには約10日かかり、サナギから成虫になった初日には約17時間の睡眠が観察されます。しかし、10日後には約12時間となります。この段階でショウジョウバエは一生の3分の1を過ごしていることになりますが、若いハエは、そろそろ中年のハエに比べて約1.4倍の睡眠時間をとっていることになります。また、ショウジョウバエは昼行性ですが、それでも若ハエは昼に約7時間の睡眠行動が観察されます。中年ハエではこれも約3.5時間に半減します。

さて、ここで睡眠を妨害する実験です。試験管に入れたショウジョウバエに20分以内の間隔で2秒間の激しい振動を与えます。これを12時間続けるのですが、結果として中年ハエはほとんど眠らない状態となります。一方で、若ハエの睡眠行動は約半分に減るだけで、やはり眠る様子が観察されました。

この実験を終えて、今度は断眠の影響を調べると、12時間まったく眠れなかった中年ハエは、その後の６時間での睡眠行動が約４割増え、リバウンドが確認されます。ところが、若ハエも同じ程度のリバウンドを示すのです。ヒトでも子ども時代には脳を含む体の成長のために、おとなよりもしっかりした睡眠が必要です。ショウジョウバエの若い個体は「子ども」ではなく、幼虫時代を経た「おとな」と言うべきですが、それらもまだ成長の段階にあり、しっかりとした睡眠を必要としているのであると解釈できます。

昆虫はコンパクトながら精密な微小脳を持ちます。昆虫の頭部には最大で96万個ほど（ミツバチでの数値、ショウジョウバエは10万個ほど）の神経細胞が容量１μℓ（１ℓの１００万分の１、１cc＝１mℓの１０００分の１）の中に納まっています。ヒトでは容量で１３５万倍、神経細胞の数は大脳だけで１４０億個におよぶので、ずいぶん大きさも量もちがいますが、昆虫はこの微小脳で複雑な情報処理を行えるのが確認されています。[※7] たとえば、嗅覚については糸状体と呼ばれる神経線維のかたまりが、ショウジョウバエならば触角や上下の唇が伸びた口吻《こうふん》の根もとあたりの毛などで感じ取った情報を受け取ります。ショウジョウバエでは糸状体は43個あり、そのそれぞれが入力される情報にちがった反応をすることで、さまざまなにおいを感じ分けています。同じように味覚や視覚なども、しくみはヒトの脳とはちがいますが、非常に細かい感覚を可能とするようになっています。

ミツバチが８の字状のダンスを踊って、巣のなかまに蜜のある花のありかを伝えているのは有名ですが、ここには記憶と他者への伝達の２つの能力があらわれています。昆虫の記憶は脳の上側に１対になっているキノコ体と呼ばれる部位のはたらきであることがわかっていますが、ミツバチでは片方のキノコ体の細胞数は約16万個、ショウジョウバエでも約２２００個あります。キイロショウジョウバエで観察されていることとして「失恋記憶」があります。キイロショウジョウバエのオスは羽を震わせることでメスを交尾に誘い、これは「求愛歌」と呼ばれています。しかし、いつもうまくいくとは限らず、メスに拒まれて「失恋」したオスは、しばらく他のメスに対しても求愛行動をしなくなるのです。キイロショウジョウバエのオスは恋に傷つく繊細なハートと、それを記憶する能力を持っているというわけです。今日からキイロショウジョウバエのオスを他人（他虫ですか）と思えなくなる男性や、彼らのオレンジ色の複眼にナイーブな男心を読み取る女性も増えるのではないでしょうか。

以上から、昆虫たちも複雑な神経系の構築や維持のための睡眠をとらねばならず、それは若い個体ほど必要性が大きいと考えられます。

さらに、他の系統の動物も見てみましょう。

軟体動物のアメフラシは記憶や学習の能力の研究に用いられています。アメフラシは大きな波などの刺激を受けると、呼吸のために海水を出し入れする水管やエラを体内に引き込みます。アメフラシはいくつかの神経の集まり（神経節）を持ちますが、この反応は主に腹部の神経節と関わっています（実際には、まだ解明されていない神経も関係した、いくつかの反応の組み合わせと見られています）。ここでは水管の引き込みについての実験を見てみましょう。たとえば無害な餌を見せて、それをアメフラシが食べようとすると電気ショックを与えるといったトレーニングをすると（電気ショックを受けたアメフラシは水管を引っ込めます）、その餌を与えるだけで水管を引っ込めるという学習が成立します。興味深いのはこの学習記憶がどのくらい保たれるかということです。昼間にこのトレーニングをすると、翌日にはトレーニング前より２倍程度の時間、水管を引っ込めるようになります。しかし、夜間にこのトレーニングをすると、翌日の反応時間はトレーニング前より50％くらいしか増しません。アメフラシは昼行性です。このことから夜間の学習は眠いのに無理やり勉強させられているような状態ではないかと考えられます。

同じ軟体動物でも、タコやイカなどの頭足類は、より発達した神経系を持ちます。頭足類の脳は無脊椎動物では最大級で、タコの脳の神経細胞の数は数億個になります。そして、垂直葉と呼ばれる部位では、ヒトの脳の大脳皮質でわかっているのと同じように、視覚・聴覚などの感覚を受信するエリアや体の運動を受け持つエリアがきちんと分かれて配列されています。タコ類は主に海底で活動するので腕の触覚に関わる中枢が発達しており、一方イカ類では泳ぎや視覚に関わる中枢の発達が見られます。

タコについては、脳以外に８本の足のそれぞれに神経の集中が見られ、腕と胴を合わせると、その神経の量はタコ全体の３分の２におよびます。タコは中の見えないＹ字型の管の枝分かれの一方に腕を伸ばした時だけ餌が得られる装置を与えると、正しい方に腕を伸ばすことを学習できます。左右どちらかに固定して餌を置くのではなく、ざらざらの管となめらかな管の枝分かれにし（餌はいずれかの感触の管に入れるように決められています）、これらの管の左右をいろいろ変えてやると、タコは腕でふれた感覚で餌のある管を選ぶこともできるようになりました。ちなみに、学習が成立すると、学習に使わなかった腕でも正しい選択ができるようになります。タコの脳や神経系の研究は、わたしたちに「脳とは何か」「神経系のレベルでの学習とは何か」といったことを解明する大きな手がかりを与えてくれるでしょう。

さて、そんな頭足類の睡眠行動では、独特の現象が知られています。たとえば、コウイカは砂地で体色を周囲になじませて、じっと眠ります。カムフラージュをしていると考えられますが、ときおり、急激に体色が変化することがあります。タコにも同様の行動が見られます。タコは夜行性なので明け方に岩の隙間などに潜り込んで眠りますが、そうやって眠っている間に激しく体色を変化させます。全身が白っぽくなったかと思うと、黄色、さらには深い茶色がかることもあります。また、まだら模様を見せることもあります。

タコの体色の変化は筋肉が色素胞と呼ばれるものを収縮させることで起きますが、体色を変えながら眠っているタコは体からトゲのような形が突き出してきたりもします。このような筋肉の運動は、目が覚めている状態ならまわりからの視覚情報で危険を感じた時などに起きます。ここから、このような体色変化や体の形の変化を起こしている時、タコの脳の視覚を司る部位などがはたらいているのではないかと考えられます。これはレム睡眠と重ね合わせることができる状態でしょう。もしかしたら、タコの脳の中では夢が見られているかもしれません。そんな無責任な空想をしてみたい気もします。これからの研究の進展が期待されます。

とはいっても、ほとんどのタコやイカはたとえ夢を見ているとしても、色鮮やかというわけではなさそうです。何種かの例外(ホタルイカ、他にスナダコも色を見分けられる可能性が指摘されています)はありますが、頭足類は色を感じる細胞をひとつしか持たず(タコならばそれは青色の領域です)、色の見分けが難しいと考えられます。しかし、タコやイカは脊椎動物とはまったくちがう進化の系統ながら、わたしたちと同じようにレンズやそれがつくる映像が投影される網膜などを備えたカメラ眼を持ちます（脊椎動物とは独立した進化なので、構造は少しちがいます）。色の見分けは苦手だとしても、きちんと映像がわかる視覚を持っているのはまちがいありません。

そして、ここでもひとつ、興味深い事実があります。マダコとスナダコが色を見分けられるかどうかを、さまざまな色や明るさにした球に反応するかどうか（正しい反応をすれば餌を与えるという条件づけ）で実験したところ、色の見分けについてはすでに述べたように、マダコは色の見分けができないと判断され、スナダコは色を見分けている可能性が見出されましたが、いずれの種類でも球への反応が極端ににぶい個体がいました。これらについて、ひと晩休ませると翌日には反応が回復していたと言います。これもすでに記したようにタコは夜行性なので、そもそも昼間のトレーニングは負担が大きかったのかもしれませんが、それも含めて、ここでの反応のにぶりは「寝不足」が大きく作用していたのではないかとも考えられそうです。

最後はアメフラシよりさらにシンプルに映る動物で、第１章でもご紹介した線虫（C. エレガンス）です。C. エレガンスは脱皮の直前に「休止期」を持ち、これが様々な点で「睡眠の起源」を考えるのにヒントを与えてくれるものであるのはすでにお話ししましたが、C. エレガンスには日常的にも「睡眠」ととらえられる行動が見られます。それは１回に８秒ほどの不動状態です。C. エレガンスはこれを何度も繰り返し、１日あたりの累計は３〜５時間におよびます。物理的刺激によって、４時間または12時間、不動状態にさせないようにしたところ、どちらの場合もその後の１時間、明らかに不動状態が増加しました。このような「寝不足の影響」のような状態が観察されることからも、C. エレガンスの不動状態は睡眠と重ね合わせられるように映ります。C. エレガンスの神経細胞は302個で脳と呼べる構造はありません。しかし、頭部に神経細胞がリング状に集まった部位があり、ナーブリングと呼ばれています。C. エレガンスの不動状態と睡眠の比較は、このナーブリングに中枢的なはたらきが認められるかを含めて探究が進められています。

以上のように、さまざまな系統の動物で、そして、明らかな脳を持つものからごく簡単な神経系だけのものまで、幅広く「行動睡眠」が観察されます。では、動物の進化において、このような睡眠は、いつからどのように進化してきたのでしょうか。次のパートでは、このことについて考えてみます。

知恵の実ほおばるマリンブルー

「真赤な林檎を頬ばる
ネイビーブルーのTシャツ
あいつはあいつは可愛い 年下の男の子」
(キャンディーズ『年下の男の子』)

この歌は、年下のボーイフレンドを女の子目線で描いています。リンゴをほおばる姿は、そんなボーイフレンドのちょっとなまいきな様子を表しています。

さてリンゴと言えば聖書の知恵の実も思い出されます。ごくかいつまんで説明すれば、かつてすべての人間の先祖であるアダムとイブは神が作ったエデンの園で暮らしていました。そこでは園に生えているあらゆる木の実を食べることができて、人は何の苦労もなく生きることができました。しかし、神は人に対して「善悪を知る木」の実だけは食べてはいけないと禁じていました（話の流れを見ると、永遠の命を得ることができる「生命の木」の実も禁じられていたようです）。けれども、アダムとイブは蛇にそそのかされて、善悪を知る木の実を食べ、神からエデンの園を追放されてしまいます。聖書の冒頭にあるこの物語は「失楽園」と名づけられています。聖書はもともとユダヤ教の経典で、ユダヤ民族のふるさととなる土地はリンゴを育てるのには向きません。また、聖書には知恵の実の樹種ははっきりと書かれてはいませんが（イチジクやバナナあるいはブドウが想定されているのではないかとも言われています）、文学作品などでリンゴのイメージが広まっています。英語では成人男性ののどぼとけを、リンゴを食べた時に引っかかったとして「アダムのリンゴ」と呼ぶのもよく知られています（ほおばるのはいいけれど、引っかかるのはごめんこうむりたいですね）。

ともあれ、人は昔から、自分たちの知恵の力がどのようにして得られたかに関心を向けてきたようです。そういう関心が生まれること自体、わたしたちの知恵と結びついていると言えるでしょう。

知恵はどこにあるのか。そう問われたなら、大概の人は頭つまり脳を指さすでしょう。もとより、体全体であれこれの情報を受け止めなければ、脳をはたらかせて何かを知ったり考えたりすることはできないわけですが、それでも、わたしたちが世界をどのように受け止め、どんな行動をするかには脳がポイントになっていると言えるでしょう。この脳の健康を保つのが、睡眠という行動の中心的な意義なのであるとお話ししてきました。しかし、脳はヒトや進化系統的にヒトに連なる動物だけのものではなく、まったくちがう進化をとげた昆虫などでも微小脳を核とした中枢神経が見られ、それとともに睡眠行動も存在すると見なせます。そのようなまなざしで広く動物たちを見ていくと、驚くほどさまざまな動物種に、睡眠と判断できる行動が観察されるのでした。すると睡眠の起源は、ヒトと昆虫の共通祖先といったものにまでさかのぼって考えることができそうです。

地球が生まれたのはおよそ46億年前と考えられています。初期の地表はどろどろのマグマにおおわれていましたが、それから数百万年の間に地球は少しずつ冷え、やがて海が生まれました。生命はこの海の中で誕生します。いまも深海底に見出される熱水噴出孔（地中の熱水が噴き出し、硫黄化合物などが生じている場所）がその舞台であったろうというのが最近の有力な学説です。いまのところ、40億年前には最初の生命が生まれていたと推測されています。多細胞化が進むのは10億年前くらいからとされています。そして、約6億3500万年前から始まるエディアカラ紀には、すでにさまざまな多細胞生物が出現していたことが知られています。

しかし、エディアカラ紀の化石生物には現在の生物につながらないままで途絶えてしまったものも多いと考えられ、現在の生物の世界への大きな進化が認められるのは約5億4200万年前からのカンブリア紀です。そして、このカンブリア紀には、この時代の海中で大いに栄えた節足動物やその祖先と考えられる動物たちの他に、原始的な魚類の存在も確認されています。つまり、もしも睡眠が節足動物と脊椎動物の共通祖先からの行動であるなら、その起源は5億年以上前にさかのぼり、その秘密はマリンブルーの中に隠されているということになります。

実際、クラゲのような動物にも睡眠と思われる行動は知られています。

「傘もささずに僕達は
歩きつづけた雨の中
あのネオンがぼやけてた」
（水原弘『黄昏のビギン』）

水族館などで見るクラゲは、しばしば色とりどりの照明を当てられて、それこそ傘のような姿で、ただふわふわとあてもなく泳いでいるように見えます。しかし、そのかさの動きに注目すると、夜間に開閉の頻度が３割ほど少なくなります。これがクラゲの睡眠ではないかと考えられます。かつて、クラゲやイソギンチャクなどの刺胞動物は、どこにも中心のない網の目のような神経系を持つと見られていました。これを「散在神経系」と呼びます。確かに刺胞動物の中でも、昔から代表的なものとして扱われてきたヒドラなどは、そういう単純と言いたくなる神経系を持っているように見えます。しかし、クラゲでは「口」（食べものの取り込みも消化後の排出も行うので、わたしたちの「肛門」の役割も果たしていることになります）のまわりに神経細胞が集中しています。また、かさの縁にも同じように神経環という神経の束が見られます。イソギンチャクや、ある種のヒドラでも口のまわりの神経環が確認されています。つまり、刺胞動物にも神経細胞が集中している部位が認められるのです。そして、このような神経の部位集中性を持つことと、刺胞動物にも学習能力があるように見られることは結びついていると考えられるようになっています。

あるいはまた、クラゲと言えばかさのような円形が基本と考えられるように、刺胞動物は中心点から放射型に広がる体のつくり（放射相称）と考えられてきましたが、イソギンチャクなどの研究から、口と口の反対側を通る、いわば中心軸に対して、それと直交する体の軸もあることがわかってきました。こちらの方が、刺胞動物のもともとの体のシステムと考えられますが、わたしたち脊椎動物をはじめとする左右対称の体を持つ動物は背腹の軸と前後の軸を持ち[※8]、体の前である頭部に神経が集中した脳がつくられています。つまり、この体の軸を決める遺伝子との関係で脳という中枢が発達しているのですが、それならば刺胞動物ではどんな体全体のデザインと結びついて神経の集中が見られるのかが、今後の研究課題として注目されています[※9]。

この本の関心に引き戻せば、刺胞動物のような神経の集中性が低く映る動物にも睡眠と思われる行動は観察され、そのことと重ね合わせて、刺胞動物の散在神経系にも、脳を持つ動物のような中枢神経につながる原始的なありようが読み取れるのではないかと考えられているのです。

ちなみにクラゲは、かさの縁や触手の先に眼点という光を感じる器官を持っています。ものが見えているわけではなく、光の正確な方向もわからないと考えられますが、これはきわめて原始的な目であると言えます。そうであるなら、水族館の色とりどりの照明はクラゲ自体にも何かの影響を与えていると考えられ、その視点からの展示の検討も必要になるかもしれません。水族館などの飼育下でクラゲの視覚についての研究を進められる可能性があるのだとも言えるでしょう。

以上、睡眠とそれに結びついた神経系は、進化の歴史にして5億年以上の過去にさかのぼって動物一般に共有されたシステムであり、それを土台にしながら、それぞれの系統で、大脳皮質を発達させたほ乳類、DVRを発達させた鳥類、さらにはきわめて高性能な微小脳を持つ昆虫や、独自に高い知能を進化させたと考えられる頭足類などが生まれてきたことになります。それらの動物すべてが受け継いでいる共通祖先からの基本的な神経システムとは、このような多様な進化を可能とする基盤なのだということです。[※10]

心もようと腹づもり

睡眠の起源をめぐる探究の現状は、おおよそ以上の通りですが、最後にもう少し、神経系の進化について考えてみましょう。

クラゲやイソギンチャクのような刺胞動物でも、研究の進展によって神経が集中している部位があることがわかってきました。クラゲならば、それはかさや「口」のまわり、そして触手の先端でした。あるいは軟体動物であるタコの場合も「腕」に神経が集中しており、それが脳と連携して複雑な動作や学習を可能にしていると考えられています。

これに対して、ヒトを含む脊椎動物では脳とそれに連なる脊髄が、文字通り軸となる中枢神経系として、全身からの感覚などの情報を集約し、また、全身に指令を出してコントロールするというかたちに進化しているように見えます。しかし、実はわたしたちの体にも脳～脊髄という中枢神経系以外に、特に神経が集中していて、なおかつかなりのレベルで独立したはたらきをしているところがあります。それは腸のまわりにある神経細胞の束（腸管神経系）です。腸管神経系は腸のまわりに網の目のように広がっています。この本の監修者の関口雄祐さん他何名かの方の著書では、それは「腸脳」と呼ばれています。

過敏性腸症候群（以下、ＩＢＳ）は腸には異常がないのに腹痛が起こったり下痢や便秘を繰り返したりするもので、日本では人口の1～2割の人に見られるとされています。ＩＢＳの原因はストレスに関連しているとされていますが、そうすると脳が腸に影響を与えているのだろうと考えたくなります。それはまちがいではありませんが、不安やストレスがどうしてＩＢＳを引き起こし、さらには悪化させるのかはきちんと説明されていませんでした。ここで起きていることをクリアに見通すには、脳から腸へという一方通行の視点ではなく、脳と腸の間での神経的やりとりを全体としてとらえる必要があったのです。

ＩＢＳになりやすい人は、脳が不安やストレスを感じると腸管神経系が敏感に反応し、また、このような人はそれによる痛みなども敏感に感じとります。この時、脳から腸への信号に続いて、腸から脳への信号が送られ、脳に受信されていることが重要です。脳と腸を結ぶ神経を見てみると、脳から腸へ向かう神経以上に、腸から脳へ向かう神経がはるかに発達しているのがわかります。これを迷走神経と呼びますが、この迷走神経が腸で起こっていることを折々に脳に送り届けているのです。あるいはまた、腸は血液中にホルモンも分泌していて、たとえば、空腹時にはそれを知らせるホルモンが脳へと運ばれることになります。こうして、腸の情報は脳に知らされるわけですが、ＩＢＳの場合、こうして感じとられる不快感や痛みなどが、また脳に対するストレスとなり、それに腸管神経系が反応して、という悪循環が起こって、ＩＢＳが長引き、悪化してしまうというわけです。

以上のように脳と腸は神経やホルモンのはたらきで双方向的に結びついており、これを「脳‐腸相関」と呼んでいます。腸には多くの腸内細菌が共生していますが、この腸内細菌も迷走神経を刺激して脳に影響をおよぼしているらしいと言われています。その意味では「脳‐腸‐微生物相関」

というとらえ方もされています。

しかし、腸管神経系はいつでも脳におうかがいを立てているわけではありません。発達した腸管神経系は腸とその周囲で起きていることを、いわばモニターしており、しばしば脳や脊髄との信号のやりとり（つまり、中枢神経系からの指令）とは別に、独自にいろいろな対応をしていることがわかっています。腸管神経系に「意識」があるようなとらえ方をするのは不適切でしょうが、脳や脊髄と同じように、腸管神経系も情報処理の能力があるのだと言ってよいでしょう。ここから「腸脳」という呼び方も出てくるわけです。

あらためて振り返ってみると、このような腸管神経系のあり方こそが、わたしたちの体の中に残る、クラゲやイソギンチャクとも共通の、一番基礎的な中枢神経のありようなのではないかと考えられます。[※11] クラゲの神経の集中は「口」とかさのまわり、それに触手の先でした。これらが連動することでクラゲは泳ぎまわり、餌を手に入れています（クラゲ自体の種ごとの大きさによってプランクトンから甲殻類まで、さまざまなものを取り込みます）。そんな独立した１セットのまとまりとしての動物の姿が、わたしたちの腸管にも見出せるのではないかと考えられているのです。心のはたらきには脳の存在が大きいのですが、そんな脳に至る神経系の進化の歴史は、わたしたちのおなかに秘められているのかもしれません。

さらには神経細胞自体の起源も探究されています。神経細胞は信号伝達のための特殊化をした細胞ですが、このような神経細胞とその連なりとしての神経系が必要なのは、多細胞の体の中を正確かつすばやく信号のやりとりができなければならないからです。つまり、動物的な生き方をする多細胞生物がその体のシステムを大型化・精密化する中で、神経細胞や神経系が発達してきたと考えられます。それならば、いまでも見られる細菌類（単細胞生物）の寄り集まりと、そこでの独立した細胞どうしでのネットワークのつくられ方が大きなヒントを与えてくれるように思われます。さきほど、腸内細菌が迷走神経を刺激して脳に影響を与えているのではないかというお話をしましたが、細菌どうしの間でもいろいろな物質のやりとりで一種のコミュニケーションが行われているととらえられています。そして、この時に用いられる物質は多細胞動物の神経伝達物質やそれを合成するための酵素と一致するものが多いのです。むしろ、多細胞動物はこれらの細菌の遺伝子を取り込んで、神経系をはたらかせるための物質をつくれるようになったのではないかと考えられています。[※12]

そして、最も原始的な多細胞動物の姿を受け継いでいるのではないかとされているのがカイメン類です。カイメン類の祖先は6億年以上前からすでにいたのではないかと考えられていますが、わたしたちの目から見るとカイメンはふしぎな動物です。カイメンには、全身をつなぎ合わせてコントロールする神経はありません。それどころか、実験的にばらばらの細胞にされても、また細胞が寄り集まって再生します。こんなところからは、カイメンは、独立した単細胞生物の寄り集まり（群体）にすぎないのではないかとも思われます。

しかし、ばらばらにされた細胞が再び集合する時、もし異種のカイメンの細胞があっても、それらは互いにつながりあおうとはしません。あるいは、同種でも時には相手を選んでいるようでもあります。カイメンの細胞は互いに仮足という突起を出してふれあい、相手とつながるかどうかを決めているようです。このようなありさまは、多細胞動物の免疫のしくみの起源を探る手がかりになるのではないかと考えられています。

さらに、カイメンには細胞の間での「分業」が見られます。ここでは細かいところまでは立ち入りませんが、カイメンはただの同じような細胞の集まりではありません。カイメンでは、文字通りの外界と接する体の表面と、小孔といういくつもの水の吸い込み口から大孔という吐き出し口までの体内の通路で、上皮と呼ばれる細胞の層が見られます。また、カイメンには体の形を保つ骨片（針状などの形を持ち、ガラス質や炭酸カルシウムなどからできていて、カイメンの体内ではこれがたくさんかみあっています）がありますが、これは骨片形成細胞と呼ばれるものによってつくられます。また、いまも記したようにカイメンは小孔と呼ばれる入口から水を吸い込み、襟《えり》細胞という特殊な毛が生えたものが並ぶ襟細胞室で水に含まれる栄養分を細胞内に取り込むと、残りの水を大孔から吐き出します（襟細胞の毛の運動が小孔からの水の吸い込みを引き起こしています）。さらに、カイメンは卵と精子をつくり、それらによる繁殖を行います。[※13]つまり、生殖細胞も分化しているということです。他にも外界からの細菌などを排除する免疫細胞などが識別できます。カイメンの体内でさまざまな役割を分担している細胞は10種類以上見分けられています。

そんなカイメンでは、上皮に包まれた体内空間に中膠《ちゅうこう》細胞と呼ばれる何種類かの細胞があります。中膠細胞には骨片も含まれますが、他にそれぞれが自由に動き回るタイプの細胞も見られます。これらは単細胞的な独立性を持っている反面、互いに何らかの連絡を取っていると見られ、ときおり、すべての中膠細胞が一斉に動きを止めることも知られています。最近では、カイメン類は単に原始的な特徴を残す多細胞動物というよりは、多細胞動物の進化のごく早い段階で、他の動物群と分かれて独自の進化をとげた系統と考えられています。そのことからも、カイメンの中膠細胞に見られる相互連絡をそのまま他の多細胞動物の神経系の進化につながるものと見なすことはできません。しかし、カイメンでの細胞の連携による活動のオンオフを研究することが、神経系一般の進化を考える手がかりになるのはまちがいないでしょう。そして、そのような意味では、中膠細胞の活動の一斉停止は、睡眠の起源の探究に何らかの光を当ててくれるかもしれません。

※1　海牛類の胸びれは泳ぐためというよりは水底を歩くように移動するのに使われています。もっとも、マナティーを例にすると、ふだん泳ぐ速さは時速8㎞ほどですが、危険を感じた時など、うちわのような尾を振って、瞬間的には時速20㎞以上の速さも出せます。

※2　鰭脚類は共通祖先が水生適応してからいくつかの系統に分かれたのではなく、まず陸上で大きく2つの系統が生じ、それぞれで独立に水中への進出が起こったのではないかという説もあります（福山大学がポーランド科学アカデミーと共同し、同大の佐藤淳らが行った2019年の研究によります）。鰭脚類は鯨類やペンギンと共通して、「うまみ」を感じる味覚遺伝子が欠けていることが知られています。これらの動物はみな、主に魚を餌としていて、食べ方は丸のみなので、味覚の退化が起こったと解釈されています。しかし、鰭脚類の中で、このような変化を引き起こした遺伝子の突然変異を調べてみると、アザラシのなかまとアシカ・セイウチのなかまのそれぞれでは共通の突然変異が見つかりますが、これら2つのグループの間では共通の突然変異が見つかりません。ここから、アザラシのなかまとアシカ・セイウチのなかまはそれぞれ独立に水中に進出し、その後でこれもまた独立に味覚を失う突然変異を起こしたのではないかと考えられているのです。

※3　魚類の大脳にあたる部位は外側から順に、外套・線条体・淡蒼球に分けられます。ほ乳類では外套が大脳皮質をつくり、中でもヒトはその発達が著しいということになります。

※4　DVRも※3の外套がほ乳類とはちがう発達をした結果、つくられています。

※５　ベラ科の魚は寝袋を作りませんが、たとえば、ベラ科のキュウセンは砂に潜り込んで眠ることが知られており、知能の高さ（それに伴う脳の発達）と眠りの深さに関係があるのかどうかは、興味深い研究課題です。

※６　化石の研究からタカアシガニの祖先は１２００万年ほど前に出現したと考えられ、長野県の飯田市の地層から化石が発見されています。その頃から長い時間を生きてきた貴重な系統ということになります。
しかし、それ以前にもカニ類は存在していました。たとえば、２００５年に南アメリカ・コロンビアのアンデス山脈で化石が発見されたカリキマエラ・ペルプレクサは約９５００万年前の白亜紀に生息していたと考えられます。この化石ガニは体長の約16％におよぶ大きな目を持っていたことがわかっています。ヒトなら30㎝近い目がついているイメージです。カリキマエラ・ペルプレクサはこの目を生かして狩りをしていたと考えられ、体長に対して目の大きさが大きくても３％程度しかない現存のカニとはまったくちがった生態を持っていたとされます。

※７　昆虫は頭部の他に、胸腹部にも神経が集まっており、この２つが結びついて、昆虫の中枢神経系ができあがっています。

※８　わたしたちは直立二足歩行をしているので、前後と背腹を同じものとイメージしてしまいますが、一般的な四足動物（つまり、ヒトも含む陸生の脊椎動物の原型）を考えなければなりません。四つんばいになって、くいっと顔をあげてみましょう。その時、口から肛門に向かっているのが、四足動物本来の前後の軸です。
余談ながら、このとらえ方からはナマケモノは「逆さ」（背腹の逆転）で木にぶら下がっていますが、コウモリはそういう意味での「逆さ」ではなく頭を下にしていることになります。

※９　刺胞動物であるクラゲとはまったくちがう有櫛《ゆうしつ》動物というグループとなるクシクラゲは体の表面に列になって並ぶ櫛《くし》状の板を動かして泳ぎます。ある種のクシクラゲは体内で発光物質を合成できるので櫛板をぱたぱたさせて泳ぐ姿は小さなネオンサインのようでとてもきれいです。そんなクシクラゲですが、ふだんその体にはクラゲ同様「口」しかありません。けれども、その口から取り込んだ餌（触

手で捕えた微小な生きもの、時には他のクシクラゲも食べてしまいます）を消化吸収すると口と逆側に一時的に穴が開いて、残りかすを吐き出します。クシクラゲのこのような生態は、過去の進化の中で肛門がどのようにつくられてきたかのヒント、ひいては、わたしたちを含むある種の動物が体の前後の軸を作り上げてきた過程の解明の手がかりを与えてくれるのではないかと期待されています。

※10 本文の中で、頭足類が脊椎動物とは独自にカメラ眼を進化させていることを述べましたが、これについても中枢神経系の進化と同様に、それぞれの進化の系統で別々のかたちをとりながらも、光を受け止め、映像を認識するというはたらきを高度化する中で、結果（器官）が似てきたということが言えます。これは、この本でも何度かふれてきた「収斂進化」ですが、ここであらためて考えるなら、収斂進化とは単なる結果の（偶然的な）一致ではなく、生物として、動物としての基本的で共通の大基盤をもとに、それぞれの生物の系統が独自に適応しては、またそれを基盤に次の展開をするという共通性と多様性の交わりあいのあらわれと見るべきなのでしょう。

※11 刺胞動物と脊椎動物は進化の非常に早い段階で枝分かれしているので、刺胞動物の神経系が脊椎動物の中枢神経系に進化したわけではありません。すでに記したクシクラゲの「肛門」と同様、脊椎動物の系統でも起こったであろう進化を推測するモデルになるということです。

※12 細菌から多細胞動物が遺伝子を手に入れるなどというのは、あまりにもＳＦ的空想に聞こえるかもしれませんが、たとえばホヤは動物の中で唯一、植物の細胞壁や繊維の主成分であるセルロースを合成する能力を持ち、それによってまるで海洋性の植物のようなふくろをつくって身を守りながら岩などにはりついて暮らします。そして、このセルロースの合成能力は、植物的な性質を持つ細菌類から遺伝子を手に入れたからではないかと考えられています。これは、ホヤのセルロースの合成（そして分解）に関わる遺伝子を細菌類の遺伝子と比較することでも支持されている考えです。

※13 ある種のカイメンは他に、極端な乾燥など、ふだんのカイメンとしての体を維持できないほどに周囲の環境が悪化すると、たくさんの幹細胞（ここでは「まだどんな細胞になると決まっていない細胞」ととらえておいてください）が詰めこまれた芽球をつくり、これらの幹細胞が再び細胞分裂しながら、さまざまな細胞を作り出し、体を再生する条件が整うまで休眠することもします。これは、海中より

も環境の変動が激しい淡水に適応したカイメンに多く見られる特徴です。

第5章

これは眠りではない

——閉じこめ症候群から冬眠まで

1 目覚めよと、われらに呼ばわる物見らの声

潜水服に閉じこめられて

「――人の心を知ることは……人の心とは……」
（立原道造『はじめてのものに』）

大見出しに掲げた「目覚めよと」というフレーズは、バッハの代表曲のひとつ（カンタータ第140番）で、新約聖書のマタイによる福音書25章のたとえ話がもとになっています。その話では、10名の花嫁が花婿の到着を待っているのですが、真夜中に見張り（物見）が花婿の到着を告げた時、灯りとそれをともすための油の両方をきちんと用意していた5名だけが花婿に迎え入れられたという物語です。神の裁きやそれに伴う神の国の訪れはいつなのかわからないので、常に備えておきなさいと読み取るべきもののようです。

この物語をもとにして、ふだんの眠りを考えるなら、わたしたちは自分で自然に目覚めますし、目覚まし時計の音などに反応できるので、見張りの呼び声とは「意識」のことだととらえればよいでしょう。睡眠の間も、意識は何かのかたちで続いていると考えられます。一方で、夢の中の意識は目覚めている時の意識とは別ものののようにも思われます。そうやってあれこれ考えていると、「そ

もそも意識とは何なのだ」というのも、わかるようでわからなくなってくるのではないでしょうか。睡眠をテーマとするこの本も、意識とはどのようなものか、また、その意識は睡眠とどのような関係にあるのかという問いと向き合う必要があるでしょう。

『ジュラシック・パーク』の原作者である小説家マイケル・クライトンは人類学・医学を中心とした自然科学にも明るく、医学の博士号を取得しています。彼が脚本・監督を務めた１９７８年の映画『コーマ（昏睡）』は、同じく医師でもある小説家ロビン・クックの原作により、フランス系カナダ人俳優ジュヌヴィエーヴ・ビュジョルドのキュートな魅力が印象的な医学サスペンスです。物語は、ビュジョルド演じる医師が、自分や恋人が勤務する大病院で次々と起こる謎の昏睡事件を追及する姿を描いています。外科手術中の患者が麻酔から目覚めることなく昏睡状態となり、そのまま死亡したり、専門の医療機関に送らなくてはならなくなったりするのですが、手術を担当する外科医も麻酔医も毎回いろいろながら、すべての事件が第８手術室で起きています。そのことに気づいたヒロインは、さまざまな危険を冒しながらもついに事件の背後にあるおそるべき真相にたどり着きます。ここで種明かしはしませんが、いまの目で見るとクックやクライトンの専門家としての先見性がよくわかり、むしろ、いまの時代でこそ生々しい怖さがあるように映ります。

さて、ここで「昏睡」ということばの使い方を整理しておきます。特に大切なのは、脳死および植物状態との区別です。ヒトの脳は、大きく大脳・小脳・脳幹に分けられます。「死」全般についての医学的・社会的定義自体にいまだ議論がありますが、「脳死」は脳幹を含む脳全体が回復不能の機能停止に陥っている状態とされます。つまり、脳のすべてが「死んでいる」ということになります。
脳幹は心臓や呼吸を中心とした循環機能の調節など、体全体のはたらきを直接コントロールする部位なので、ここが機能しなくなれば、医療機器などで短時間（多くは数日）の生命活動を維持したとしても、いずれは心臓が止まってしまいます。もっとも、いまの医療技術ならば、自発的に動かなくなった心臓や呼吸器の代わりに、それらの機能のかなりのものを機械で補うことができます。つまり、回復不能と判断される脳死でも、体全体としてはある程度「生きている」状態を保てることになり、そこに現代社会が抱える「死の判定」の難しさの核心があると言えます（映画『コーマ』もこのような医療技術を背景としています）。

一方で植物状態は脳幹の機能だけは残っており、機械などの助けを得なくとも呼吸ができることが多く、回復する可能性もあります。ここで一番大切なのは、大脳や小脳が機能しなくなっても、脳幹が機能しているなら生命活動は維持できるということです。そして、このような植物状態は時に数十年続くこともあり、以下に述べるように、数週間で目覚めるかあるいは死に至る昏睡とははっきりと区別されます。

昏睡はあくまでも一時的な状態です。昏睡とは、そのまま完全な死と言うべき脳死に至るか、はっきりと意識が戻った（外からの刺激への何らかの反応がある）と確認できなくても「目覚める」かの過渡期です。昏睡状態となった人はそのまま死に至るのでなければ、一般的には数週間で目を開けます。ここでは、これを「目覚める」と呼んでいます。それは全体としての脳幹の機能が戻ったことを告げています。そしてそのまま、刺激に対して反応を示さない（観察によって意識が認められない）ながら目を開けているなら、それこそが植物状態です。すでに述べたように、ここでは「目覚める」ということばを「脳幹が機能する」という意味で使っていますが、それは必ずしも意識を持つことではありません。大脳や小脳、ことには大脳の回復なしでは意識のある状態にはならないからです（「意識」ということばの意味については、もう少し後で詳しく考えてみます）。植物状態はいわば「意識なき覚醒」です。

わたしたちの関心に引きつけるなら、睡眠もまた、目覚まし時計の音が聴こえて反応ができることでもわかるように昏睡ではないのは明らかで、聴覚などの感覚器が機能している一種の「覚醒」と言えます。では、いわゆる「しっかりと目が覚めている」状態と、まぎれもなく「覚醒している」状態だが睡眠中であることはどのように区別されるべきでしょうか。これは、この章のメイン・テーマのひとつなので、もう少しお話を進めてから、詳しく考えることにしましょう。

一方で、意識はあるけれど、その他の身体機能の多くが失われているという場合もあることが知られています。映画『潜水服は蝶の夢を見る』は、フランスの有名なファッション雑誌『ＥＬＬＥ』の編集長だったジャン＝ドミニック・ボービーが１９９７年に出版した回想録をもとにしています。ボービーは１９９５年の暮れ、43歳の時に脳梗塞で倒れます。脳の血管の一部が詰まってしまったのです。彼は一命をとりとめ、20日間の昏睡の後に目覚めます。しかし、彼は全身がマヒしており、かろうじて動かせるのは左目だけだったと言います。こう記すと「それならどうして回想録が書けたのか」と思うでしょうが、彼は聴覚も保たれており、言語療法士などの助けを借りて、読み上げられるアルファベットをまばたきで選んで１文字ずつ文章を綴っていったのです。彼の回想録は「20万回のまばたきで綴られた真実」と呼ばれています。

ボービーのような症状は「閉じこめ症候群」（ロックトイン・シンドローム）と呼ばれています。現在ロックトイン・シンドロームは、脳幹のうち、大脳皮質と脊髄を結ぶ何十万本もの神経線維の束がダメージを受けるのが主な原因とされています。目の意識的な運動を行うシステムはこの部位とは別なので、ボービーの場合はまばたきで意思を伝えることができたのです。しかし、時には見た目の意識的機能のすべてがマヒしてしまうこともあり、とても怖い話ながら、そういう人はまわりの音が聞こえているような意識レベルでも、かつては「植物状態」と見なされることがあったでしょう。ボービーの本の原題は"Le Scaphandre et le Papillon"と言います。そのまま訳すと「潜水鐘（scaphandre）と蝶（papillon）」となります。潜水鐘とはその名の通り、大きな釣り鐘のような形をしており、中に人を入れて、水中深くに吊り下げる装置です（図5-1）。潜水鐘の内部に常に外から新鮮な空気が送り込まれていて、中の人は潜水服を身に着けずとも済むことになります。しかし、もしも、人が意識だけになって潜水鐘の中にいる（たとえば潜水鐘の中のイスに拘束されている）としたらどうでしょうか。それは潜水服で水中にいる以上に何もできず孤独な状態にちがいありません。その意味で、閉じこめ症候群には「潜水鐘」というたとえの方がふさわしいようにも思われるのです。

図5-1 潜水鐘

なお、植物状態とロックトイン・シンドロームの中間とも言うべきものとして「最小意識状態」が知られています。このような人はコミュニケーションはまったくとれませんが、たとえば、ふだんは反応がないのに、時々は病室に入ってくる人を見つめることがあります。

また、手術の際の全身麻酔も意識を失った状態と言えますが、実は手術中の人はしばしば意識を取り戻しているという報告があります。全身麻酔で手術を受けた人の１０００人に１人は麻酔が切れた後、「手術中に意識があった」と答えると言います。大概は痛みの感覚はないようですが、あたりの様子が見えたり聴こえたりするというのです。しかし、手術中の麻酔は神経と筋肉の連絡をブロックする薬の投与を伴うので（だから、人工呼吸器が必要なのです）、まったく身動きはできないわけです。さらには、片方の手の先だけ麻酔がかからないように処置して手術中に話しかけて手を握るように指示する実験では、なんと3人に１人が反応したという記録もあります。さいわいにして（と言うべきでしょう）麻酔はそれが切れた後、麻酔中の記憶を失わせるはたらきがあるので、ほとんどの人は麻酔中に意識があるのにまともに動けなかったという記憶を持たずにいると考えられます。このような麻酔下の意識も「閉じこめられている」体験と言えるでしょう。

ゾンビの中心で「アイ」と叫ぶわたし

さらに意識について考えていきましょう。以下、主に脳科学者のジュリオ・トノーニとマルチェッロ・マッスィミーニの『意識はいつ生まれるのか 脳の謎に挑む統合情報理論』の考え方や事例に沿ってお話ししていきます。

この章の冒頭に引用した立原道造の詩は、以下のように続きます。

「私は　そのひとが蛾を追ふ手つきを　あれは蛾を
　把へようとするのだらうか　何かいぶかしかつた」

目の前で行われている他人の動作の意図が、ふと推し量れないもののように感じられる。これは、そんなに特殊なことではないでしょう。しかし、このような懐疑と呼ぶべきものをさらに推し進めると「そもそも、わたしのまわりにいる人たちは本当に心を持っているのだろうか」という想いにとらわれることもあり得るのではないでしょうか。もとより、本気でこう思いながら日常生活を送るのは難しく、その意味ではそれは病的な感覚と呼ぶべきですが、あえてそういう考え方をしてみることで、あらためて「心とは何だろうか」と根本から吟味する手がかりも得られるかもしれません。

たとえば「哲学的ゾンビ」と呼ばれる思考実験です。この本は哲学的探究を目指すものではないので、あまり深入りはしませんが、ごく簡単に言えば「わたしのまわりにいるのは人間そっくりのゾンビで、実は心とか意識とかいうものは持っていないと考えることは可能か」という問いをめぐる思考です。

こんなことを言えば、すぐさま「そんなもの、話しかけてみればわかるじゃないか」という反論がありそうです。その前に逃げないと襲われるんじゃないかという心配は別として（「哲学的ゾンビ」は映画のゾンビとはちがって、この点でも常識的な人間と等しいふるまいをするというものなのですが）、「哲学的ゾンビ」の議論では「心を持つ人間と同じように反応するからといって、心があるとは限らない」という考え方をします。

ここで、別の思考実験として「中国語の部屋」というものもあります。ある部屋に中国語がまったくわからない人が入っているとします。この部屋にはポストのようなものがついていて、中の人と連絡する手段はこのポストにお互いにメモを入れるやりとりだけに限られます。そして、こちらから中国語で書かれた質問のメモを入れるのです。中の人にはメモは解読できません。しかし、その人の手元には中国語で想定できるすべての質問とその答えを記録したカタログがあることにします。中の人はカタログを検索して、届けられた質問とその答えを見つけ、中国語としての意味はまったくわからないながら、その答えを写してポストから外に返します。すると、外でメモを受け取る人は「この部屋の中には中国語がわかる人がいるにちがいない」と考えるでしょう。しかし、中の人にしてみれば、外の人が思うような意味で「中国語がわかる」という自覚がないのも確かなことでしょう。[※1]

何やら、うまく言いくるめられているような感じかもしれませんが、この「中国語の部屋」全体を膨大なデータにアクセス可能なチャット型ＡＩと考えるなら、それはＳＦではあっても、荒唐無稽なファンタジーと笑い飛ばせるかはわからない、それがわたしたちの世界の現状ではないでしょうか。ＡＩは検索や学習の機能をはたらかせて、わたしたちとやりとりしますが、ＡＩに「検索している」とか「(学んだので) わかった」とかいった「自覚」があるかはわからず、少なくとも現在の段階のＡＩならば、そういう「自覚」はないだろうというのが妥当なのではないかと思われます。

さて、こうして「世界の人間は全部、心のないゾンビだ」と考えてみる時、唯一残される反論は「このわたしはゾンビではない」というものと思われます。わたしを取り囲む人々（ｔｈｅｍ）あるいは目の前にいるあなた（ｙｏｕ）でさえも、一種の反応装置としてのゾンビかもしれない。でも、わたし（Ｉ）がわたしであるのは、このわたしがよくわかっている、ということです。そして、そこからあらためて、わたしの周囲にいる「人間」はみんな、わたしとよく似た体を持ち、神経系も同じしくみと見られるので、やはり、それらもわたしと同じように心を持つのにちがいないと判断がなされることになります。[※2]

さて、ここからがいわば本筋です。いままさに述べたように、わたしたちは自分自身について、心の存在を疑っていません。このような「心」を、ここでは「意識」と呼んでおきます。そして、ここでいう「心」は、これまでにも見てきたように、脳（もっぱら大脳）が健全な状態にあるかどうかに大きく影響されているのも実感されます。だからこそ、そういう神経系の同一性で「他人の心」も推し量れるわけです。[※3]

注意しておかなければならないのは、意識はわたしたちが何らかのかたちで世界をとらえ、その「とらえている」という感覚を持っているということで、その感覚が他の人や、あるいは物理的な法則に照らし合わせて「正しい」かどうかは別だということです。かんちがいや錯覚も意識という現象の一部です。むしろ、意識があるからこそ錯覚も可能になると言うべきでしょう。

空想も、それがほかならぬ「このわたし」の中で思い描かれている以上、意識的な現象の一部です。さらに、すでにふれた「最小意識状態」といったものも体の自動的な反応と区別されるので、ここでの意識は「はっきりと注意を向けている」状態に限られるわけではありません。何かをぼーっとながめているような時も、わたしたちは意識を失っているわけではありません。あるいは、夢うつつといったありようも、意識レベルが下がっているとは言えても、周囲の音などはわたしの中に取り込まれ、後から思い返せば、それが夢の中に反映されているようであったり、[※4] あるいは、外からの刺激が、ある限界を超えれば目が覚めたりするので、意識がある状態ととらえられるのです。

しかし、意識という現象について「これも意識だ」「あれはちがう」と並べているだけでは、その判断の基準があいまいなままです。では、わたしたちはここで「意識」をどのようなものとして扱っていることになるのでしょうか。

となりは何をする人ぞ　群れることとつながること

映画『潜水服は蝶の夢を見る』でボービーは「左目と想像力と記憶で本を書こう」と決意します。ロックトイン・シンドロームのボービーは、ごく限られた身体感覚しかありませんが、それでも想像したり記憶をたどったりすることはでき、そこら一冊の本のことばが紡がれていきます。つまり、脳、ことには大脳のはたらきの中にこそ、意識が見出されるということになるでしょう。

ケンブリッジ大学のエードリアン・オーウェンら神経科学者のグループは、自動車事故で大脳皮質の広い範囲に損傷を受けた患者を受け入れました。23歳の彼女は事故の後、数日で昏睡から覚め、目を開きましたが、何かを見つめたり目で追ったりすることはなく、その他の刺激検査でも反射的なもの以外の反応は見られませんでした。しかし、オーウェンらがｆＭＲＩ（脳の状態を磁気的に観察できる装置）をつけた状態で彼女に話しかけ、「テニスをしているのを想像してください」「家の中を歩いているところを想像してください」などと指示すると、彼女の脳はそれぞれちがう部位が活発化しました。それらの部位（たとえば、テニスについての思考なら、動作の計画を立てる大脳皮質の前運動野）は、他のはっきりと意識がある人で実験した時の結果とよく一致しました。体全体としてのいろいろな反応は失われていても、この患者の脳は意識を保っていたのです。[※5]

脳はたくさんの神経細胞の集まりです。しかし、神経細胞がたくさんあれば、そこに自然に意識が生まれるわけではありません。実際、小脳は大脳以上にたくさんの神経細胞からできており（大脳の約4倍）、そこに障害が起きると運動機能などに大きなダメージを受けますが、それによって意識が失われるわけではありません。生まれつき小脳がないといった人も知られていますが、言語の習得が遅れたり運動機能に影響が出たりということはあっても、意識についてははっきりした障害はないようです。

単なる物量の問題ではないとすれば、大脳独特の神経細胞どうしの関係性が意識につながっているのではないかと考えられます。このような考え方から導き出されてきたのが、現在、意識とは何かの説明として、もっとも説得的であろうと考えられている「統合情報理論」です。

いまここに高解像度のデジタルカメラがあるとします。デジタルカメラの中にはたくさんのフォトダイオードという光に反応する部品が組み込まれています。カメラのメカニズムの中で、フォトダイオードのひとつひとつは3種類に区分けされた可視光線（赤・緑・青）のそれぞれに反応するように調整されており、このフォトダイオードの数が多いほど、画素数が多いとされます。そして、この画素の集中度（密度）が高くて、より細かでクリアな画像が得られることが高解像度ということになります。

しかし、それぞれのフォトダイオードは光を受け止めて反応しているだけ、つまり、オン／オフの２種類の状態のどちらかになっているだけです。どんなにたくさんのフォトダイオードがそれぞれに光に反応していても、それは単なる無数のばらばらの反応の寄せ集めにすぎません。また、それらの反応をもとに構成される画像データも、カメラのメカニズムとしてはいくつもの色の点の寄せ集めにすぎません。ｉＰｈｏｎｅのカメラはおしなべて１０００万以上の画素数になります。しかし、ｉＰｈｏｎｅが何かを「見ている」わけでも、その映像について「何かを思っている」わけでもないでしょう。

「キレイなものは　どこかに　あるのではなくて
　あなたの中に　眠ってるものなんだ
　いい人はいいいね　素直でいいね
　キレイと思う　心がキレイなのさ」
（早川義夫『この世で一番キレイなもの』）

高解像度の画像を全体として「美しい」と感じているのは、それを見ているわたしたちにほかなりません。「きれい」はわたしたちの脳が、与えられた光の刺激を関わりあわせて構成しているものなのです。フォトダイオードの数自体が問題なのではなく、それらをいろいろに関わりあわせて認識する、わたしたちの意識の統合作用がポイントとなっているのです。つまり、大脳のそれぞれの神経細胞が他の神経細胞と互いにどのようにつながり、刺激を出入力しているかが問題なのです。

ここで、大脳の神経細胞のそれぞれがつながっている他の神経細胞の数には幅があることに注意しておきましょう。「関わりあわせる」ことを単に「全部つなぎ合わせる」ことと区別しておく必要があります。すでに脳のどこが活性化しているかで意識のはたらきを読み取るオーウェンらの実験を紹介しましたが、さらに外部から磁気刺激を与えて脳の反応を調べるという研究も行われています。これによると、植物状態の人の脳では磁気刺激に対する反応は単調で一時的・部分的な脳波の揺れとしてのみ観察されます。しかし、ロックトイン・シンドロームや最小意識状態の人の脳では、もっと複雑な脳波の変化が読み取れます。いわば、磁気刺激が脳内でエコーを生み出しているように見えるのです。意識を持っているということは、脳内の神経細胞のはたらきがばらばらであるのではないとともに、単に全体的に単調に刺激が伝わっていくことでもなく、複雑な構造の部屋の中のある1カ所で発せられた音が部屋のあちこちにいろいろなかたちで響いていく（まさにエコーが広がっていく）ように、互いに関わりあいながらそれぞれが多様に反応している状態と結びついているのです。

ロックトイン・シンドロームの人の脳の反応は、しっかりと目覚めている人の活発な脳の活動、つまり意識レベルの高い状態の脳とよく一致します。一方で、植物状態の人の脳の単純な反応は、ノンレム睡眠中や麻酔下の人とよく似ています。昏睡状態から徐々に意識を取り戻していく人を継続的に調べた結果では、磁気のノックが脳内に引き起こすエコーも徐々に複雑になっていくのが観察されました。大脳の神経細胞の間に見られる反応の統合性と多様性、これが意識という現象と結びつき、それを生み出しているのだろうと考えられるのです。このような考え方が「統合情報理論」と呼ばれるのは、情報に関する現代的な理論が、情報とはいくつもの要素の有無とそのつながりあいによって定められるととらえているからです。だからこそ、コンピュータは0／1（ある／なし、オン／オフ）の膨大な組み合わせでさまざまな情報を記述し、それらを処理していくことができるのです。

脳に磁気刺激を与え、脳波計で反応を測る手法は「経頭蓋磁気刺激法」と呼ばれていますが、このような脳への磁気の影響は、20世紀はじめにあちこちでつくられるようになった発電所で、高圧のコイルに近づいた作業員たちが気分が悪くなったり、目がチカチカしたり、時には幻覚を見たりしたことから発見されました。しかし、頭蓋骨の外から大脳皮質に磁気刺激を伝える技術が確立されたのは１９８５年のことです。大脳皮質の、手の動きをコントロールする部位に磁気刺激を与えると、本人の意思と関係なく、操られるように手が動くことが確かめられたのです。

こうして実現した経頭蓋磁気刺激法を施された被験者（実験を受けていた人）にノンレム睡眠中の脳への磁気刺激で何かを感じたかを確認してみると、必ず「まったく何も」という答えが返ってきました。ここからも意識のレベルが大幅に下がっていることがわかります。

では、夢を見ている状態の中心を占めると考えられるレム睡眠の時はどうでしょうか。測定された脳波は、しっかりと起きている時と同様の複雑なエコーを示しました。そして、呼び起こされた当人は、夢に登場していた親しい人がいきなり見知らぬ人に変身するなど、磁気刺激が夢の内容に影響を与えたと考えられる報告を語ったのです。

この本の第2章でもすでに、レム睡眠は脳が外界とのつながり（感覚器からの情報）を低くしたままで活発にはたらいている状態と見られることをお話ししました。あるいは、麻酔薬の一種であるケタミンは少量ならば外界の刺激とは独立に夢や幻覚と呼ぶべきものを生じさせることが知られており、この時の脳も経頭蓋磁気刺激法に対して、統合的な反応（豊かなエコー）を示します。

しかし、それならば夢の中の意識としっかりと起きている時の意識はどうちがうのでしょうか。これについても、何か科学的で確からしい解釈ができるのでしょうか。

ジャン＝ドミニック・ボービーの本のフランス語の原題は「潜水鍾と蝶」と訳されるべきものだとお話ししました。蝶は潜水鍾の中のボービーが憧れる自由な世界や、彼の（左）目に映る、その世界で生きる人々の象徴です。しかし、映画の中では、そのようなボービーにとっての蝶と言うべきもののひとりとしての美しい女性言語聴覚士アンリエット・デュランの口から「あなた（ボービー）はわたしの蝶なのだ」というセリフが語られます。ここで彼女がボービーを蝶と呼ぶのは、デュランが言語聴覚士としてボービーに施す発話の訓練やまばたきでの会話のしかたの工夫を通して、彼女が、なんとかボービーの状態をよくしたいと夢見ているからでしょう。ここで、蝶は双方向から夢見られているものだととらえられます。

古代中国の思想家・荘子が書き残した有名なエピソードに『胡蝶の夢』と呼ばれるものがあります。ある時、荘子は蝶になった夢を見ます。自分が荘子であるという自覚もなく、ひらひらと楽しく舞い飛びながら過ごしますが、やがて目を覚まします。そして、「人間のわたしが夢で蝶になったのか。それともいま、蝶が人間になった夢を見ているのか」と考えたというのです。この後、荘子のことばは「（人間としての）荘子と蝶には必ず区別がある」と続いており、より複雑で吟味を必要とする語りとなっていますが、いまは「荘子であることと蝶であることのどちらが夢かを判断する基準は立てられるか」というところに絞って考えましょう。

実は、荘子の語っている内容自体にヒントがあるように思われるのです。蝶は自分が人間の荘子であるとは思っていなかったとあります。一方で、目を覚ました荘子ははっきりと自分が蝶として舞っていたことを覚えています。どんな夢を見ていたかを覚えているかどうかが問題なのではありませんｊ。ポイントとなるのは、人間である荘子には、自分が眠りについたこと、眠りの中で蝶になっていたこと、いま再び目を覚まして人間としてあること、これらが意識されていることです。ここで、「なんだか夢を見ていたようだが内容を思い出せない」とか「夢を見ていたかもしれないが覚えていない」とかであったとしても、就寝前と覚醒後の連続性は意識されています。しかし逆に、「今夜ももう一度、蝶になろう」と思っても、思い通りにするのはかなり難しいでしょう。この連続性、つまりは時間の中での統合性こそが注目されるのです。

夢とは何か。それは脳の中でどのように立ちあらわれてくるのか。これはいまだに十分に解明されていない問いのようです。けれども、しっかりと起きている時のわたしたちの意識に比べて、夢の内容すなわち、わたしの意識のありようは断片的でつながりがあやふやであるように思われます。いままでに見てきたことに基づくなら、以下のように言えるでしょう。

「夢を見る時の睡眠は、しっかりとした覚醒時よりも意識の統合性が低くなった状態である。しかし、夢を見ない状態でのノンレム睡眠などに比べれば、かなり統合性は保たれている。だからこそ、夢を見ることができるのだし、外界の刺激の影響も受けやすいのだ」

こうして、睡眠と夢を、大脳の神経細胞どうしの統合性と多様性のさまざまな状態の一部として論じることができるように思われます。

呑みつぶれて眠るまで呑んで

最後にアルコールが脳に与える影響について、睡眠との関わりも含めて、少しだけ記しておきます。アルコールの際立った特徴は、簡単に脳内に入り込み、さまざまな種類の神経にはたらきかけることです。

脳は、一定以上の大きさの分子や脂溶性（油脂に溶けやすい）の低い物質を通さない「血液脳関門」というしくみを備えています。これによって血液から脳に必要なものを取り込むとともに、病原体や有害物質などはシャットアウトしています。このため、薬物などを飲んでも簡単には脳に入り込んで影響しないようになっています。ところが、アルコールはそれほど大きな分子ではなく、脂溶性なので血液脳関門をすり抜けることができます。

また、神経に影響を与える物質の多くは限られたタイプの神経にしかはたらきかけませんが、アルコールはさまざまな神経にはたらきかけることができます。それぞれの神経細胞には受容体というタンパク質があり、この受容体と結びつきやすい物質だけが、主にその神経細胞に影響を与えます。しかし、アルコールはさまざまな受容体と結びつくことができるのです。

特に前頭葉・小脳・海馬などがアルコールの影響を受けますが、アルコールはまず前頭葉にはたらきかけるので、前頭葉に由来する感情をおさえるしくみが緩くなります。また、アルコールは脳内にドーパミンの放出を促して、期待感に満ちた活発さがつくり出されます。

こんなわけで、少量のアルコールは心を解放しリラックスさせてくれ、脳への取り込まれやすさを考えても、おそらくヒトの進化においては、少なくとも「ほろ酔い」は生きていくのに役に立つもの、つまり適応的なものとして位置づけられてきたのではないかと思われます。

しかし、アルコールの血中濃度が一定レベルを超えると麻酔や鎮静の作用がはたらき、小脳の機能がおさえられて発話があやしくなったり（ろれつが回らない）、まっすぐに歩けなくなったりといった運動障害が生じます。さらに大量の飲酒をした場合、命に関わる意識障害に陥る危険もあります。このように考えると、人にとってのアルコールの害には、大量生産によってたやすくお酒が手に入れられる状況による「近代病」という性格があるのかもしれません。

さて、そんなアルコールの睡眠に対する影響ですが、アルコールは寝つくまでの時間を短縮する効果があります。ところが、アルコールは少量でも睡眠全体の後半に眠りを妨げるはたらきがあることが知られています。このため、たとえば夜中に目覚めて、そのまま眠れなくなるといった事態が引き起こされるのです。いわゆる「寝酒」だけでなく、お酒を飲んでから6時間後に寝てもアルコールがこのような睡眠障害をもたらすことが知られています。どうも「お酒は安眠の友」とは言い難いようです。[※6]

「忘れてしまいたい事や
どうしようもない寂しさに
包まれた時に男は
酒を飲むのでしょう
飲んで　飲んで　飲まれて　飲んで
飲んで　飲みつぶれて寝むるまで　飲んで

やがて男は　静かに寝むるのでしょう」

（河島英五『酒と泪と男と女』）

それでもお酒を飲んで無理やり眠りたい夜もあるでしょうが、アルコールは血糖値を健康に保つことを妨げたり（結果として動脈硬化・糖尿病ひいては認知症の危険も増します）、性ホルモンやそれと関わる性周期の乱れを引き起こすことが知られています。肝臓などへのダメージは言うまでもなく、ガンなどのリスクも上がるとされています。

「覚えてますか　寒い夜
赤ちょうちんに　誘われて
おでんを沢山　買いました
月に一度の　ぜいたくだけど
お酒もちょっぴり　飲んだわね」

（喜多條忠『赤ちょうちん』）

結局のところ、お酒は特別な時に、できればしあわせな気分で（たとえば好きな人といっしょに）少しだけ飲んで、その上で静かに眠るのがいいようです。

※1　すぐ後でふれるチャット型AIの問題とも関わりますが、ここではすべての質問や答えをコレクションしておくこと（「中国語の部屋」のためのカタログを作ること）は可能であるという前提があることになります。もし、そういうことが可能なら、会話を（話し手の意識の存在を仮定しないで）機械的に組み立てることが可能になるわけです。

※2　「哲学的ゾンビ」の議論はそもそも「自分そっくりの相手が自分そっくりの心を持つとは限らないのではないか」ということなので、体のしくみといったものを持ち出しても、この反論は素朴すぎるのですが、その素朴な判断がわたしたちの日常を支えているのも事実と思われるので、哲学談義はこのくらいにしておきましょう。

※3　ひどく抽象的なことを記していると感じられるかもしれませんが、動物園ライターとしてひとことつけ加えると、ヒト以外の動物たちについて権利や福祉を考える前提にも、それらの動物たちとヒトの体のしくみ、特に神経系の類似から、動物たちにもわたしたちと同じような快不快や苦楽の感覚があるであろうとする判断があります。同質の感覚があるなら、たとえばヒト以外の動物たちの苦痛もヒトの苦痛と同様に配慮されるべきであろうという考え方です。

※4　ネタバレになるので詳しくは書きませんが、アルフレッド・ヒッチコックの映画『ファミリー・プロット』では、この「夢うつつの見聞」とそれが無意識に記憶されるということが、印象的な結末につながっています。

※5　2023年、大阪大学の高木優らは、脳のfMRIのデータをもとに画像生成AIを用いて、そのデータを得た人が見ていた映像を、ある程度の精度で再現できることを示しました。まだ始まったばかりの探究で、脳の磁気データがあればだれの頭の中の映像でも読み取れるといったものではありませんが、脳で意識がつくられるしくみの解明も期待できるでしょう。また、いまのところ、目覚めてからの本人の記憶と解釈に頼るしかない夢の実態についても、何かの手がかりが得られるのではないかと思われます。

※6　飲酒は睡眠どころか、むしろ睡眠不足と比べ合わせることができるでしょう。睡眠不足は毎日少しずつでも積み重なって影響し、たとえば6時間睡眠（あくまでも一般論としてですが、1日あたり1時

間程度の睡眠不足と見なされます）を2週間続けると、2日徹夜したのと同じくらい脳のはたらきの能率が下がるとされています（6時間睡眠10日で1日の徹夜にあたるという説もあります）。そして、徹夜明けの脳の状態は平均的には1～2合の日本酒を飲んだ状態と同じであると見なされています。しかも、お酒を飲むと夜ふかししがちなので、寝不足そのものとのかけ算をしているようになる危険もあるでしょう。

もちろん、どうせなら昼間飲んで夜は寝なさいと言っているわけではありませんので、そのあたりはよろしくお願いいたします。

2 冬眠リスは眠れない

スノーモンキーの冬越え

「曇空、落ちそうな
気になる 街の灯かり
今では 僕は田舎者
毎朝、ニワトリ コケコッコー
冬越えさ 季節の変り目さ
クシャミを ひとつ」
（細野晴臣『冬越え』）

東京都港区の都心で生まれ育った細野晴臣は、この歌を作った頃、埼玉県の狭山市に住んでいました。狭山市の冬は晴れが多いということで、雪にしても２００９年から２０１８年の公式統計では２０１４年２月の55㎝が際立つのみで、後はせいぜい35㎝（２０１８年）といったところです。これならば冬の曇り空を見上げながらくしゃみという暮らしでよさそうです。

しかし、さらに北に行けばもっと厳しい冬が訪れます。わたしたちヒトは服を身に着け火を焚き家を建てて、そんな寒さにも耐えながら分布を広げてきたわけですが、ヒト以外で一番北（北半球の高緯度地域）に分布している霊長類は何でしょうか。それは北緯41度を超える青森県下北半島に住むニホンザルです。[※1]「北限のサル」として英語では「スノーモンキー」とも呼ばれています。そんな雪国のニホンザルたちはどんな冬を過ごしているのでしょうか。

下北半島の他、長野県の志賀高原、北陸の黒部峡谷・白山などのニホンザルの生態を比較した研究によると、それは文字通り、身を削る日々です。サルたちは寒くなると大勢が寄り集まり、互いの体温で暖を取ります。これを「サル団子」などと呼びます。サル団子の基本はだいたい2〜5個体です。たとえば、セイウチなどはふだんから群れのメンバーどうしが体を寄せあってくつろぎます。しかし、ニホンザルは群れとはいっても、個体どうしが一定の距離を保とうとする「非接触性動物」と見なされます。けれども、厳しい寒さの中ではそういう個体間距離が緩み、サル団子がつくられるわけです。このようなサル団子を観察すると、群れの中で優位なオスほど団子の中心に陣取り、メスについても母親は子を抱き、子のいないメスは他のメスの毛づくろいをするなどして、ふだんからの社会的関係づくりに努め、サル団子づくりにつなげていることが観察されています。どうやって、より安全・快適に冬を過ごすかにも、サルたちの社会的地位が関わっているのです。なお、ニホンザルの社会ではオスが成長とともに群れを出て、隣接する群れなどに移っていきますが、移籍先の群れでも、もともと同じ群れの生まれのオスどうしでサル団子をつくりあうといった傾向が観察されています。

寒さそのものとともに、ニホンザルにとっての冬の生存のポイントは食べものです。寒い冬は当然、食べものの不足をもたらします。そういう時、ニホンザルの群れの適応のしかたは大きく2つに分かれます。

ひとつは、季節によって群れとしての行動域（遊動域）を変えることです。しかし、日本列島の各地域ではそもそもの活動可能な面積が限られ、隣接する群れの数が増えれば、ある場所の食べものが乏しくなったらとなりの地域に移動すればよいというやり方には限界があります。

もうひとつは、他の季節とはちがう主食を選ぶことです。下北半島の北西部では、ヤマグワの木の芽や樹皮、その年に新しく伸びた枝などが冬の重要な食べものになっています。そして、ヤマグワの方も、サルに食べられることが刺激になって生長が促されることがわかっており、動物と植物が互いに適応的に関係をつくる進化が見られると言えるでしょう。他にも、長野県の上高地ではニホンザルが冬に魚をとって食べることが知られており、これも冬の栄養不足を補う行動ではないかと考えられています。[※2] 冬の間のニホンザルの体の変化を調べると、内臓周辺や皮下の脂肪分の消費だけでは越冬には追いつかず、筋肉量まで減らしながら（タンパク質の分解によるエネルギーの確保）、なんとか冬を乗り切っていると見なされます。まさに身を削っての越冬なのです。[※3]

メタボなヒト、ヘルシーなクマ

フィンランドの小説家・画家として知られるトーベ・ヤンソンには、ふさのついたしっぽと白くて丸い体のムーミントロールが活躍する物語シリーズがあります。もともとはヤンソンが新聞に連載していたマンガの登場キャラクターなので、ムーミントロールの姿そのものもヤンソン直筆のイラストがあります。トロールというのは北欧の伝説の妖精で、ムーミンというのもヤンソンが設定したトロールの一種族の名ですが[※4]、同時に物語の主人公である少年キャラクター（ムーミン）の名ともなっています。シリーズの一作『ムーミン谷の冬』は、ほとんど太陽も昇らない冬、家族や他の住人たちも冬を過ごす眠りについている中（一種の冬ごもりと言ってよいでしょう）、ふと目覚めてしまったムーミンのあれこれの体験を描いています。

地球は太陽のまわりを公転していますが、北極～南極を通る地球の自転軸はこの公転軌道に対して23・4度傾いています。結果として南半球・北半球のそれぞれが約1年間の公転の間で太陽側に近づく時期と逆に遠ざかる時期が生じ、こうして太陽から受け取る熱量が変わることで四季の変化が起きています。さらに両極に近づくと冬の間、ほとんど太陽の光を受けない、つまり、太陽が昇って夜が明けることがないという状態になります。これを極夜と言います。逆に夏の時期には太陽が沈みきらない白夜が見られます。トーベ・ヤンソンが生まれ育った街ヘルシンキでは完全な極夜にはなりませんが、冬の1日の日照時間は5～6時間となります。『ムーミン谷の冬』は、このような文字通り、寒さと暗さに閉ざされる冬を耐えて、じっと春を待つ生きものたちの感覚を生き生きと描いたものと言えるでしょう。一方では冬を待つかのように動き出すものたちの姿もあります。その中には、ふだんからムーミン谷にいるけれど存在を知られていないものもいれば、冬の間だけ訪れてくるものもいます。あるいは逆に、春まで眠りにつくのではなく、もっと暖かい南の土地に移動しているものもいて、これは一種の「渡り」なのかもしれません。そうやって、実際の生きものたちの寒さに対するさまざまな適応と、ムーミンの物語のキャラクターたちを比べ合わせてみるのも興味深いと思われます。

このように、ここで展開されるのは「ふだん（冬以外）の日常とは異なる世界」であり、そういう意味でのときめきや冒険の感覚も織り交ぜられています。たとえば、ムーミンが自分が住む屋敷の流しの下に、それまで知らなかった奇妙な動物を見つけるエピソードも見られます。他にもムーミンはさまざまな経験をして、物語の終盤ではそれまでの自分とは少し変わったいまの自分を自覚しています。ムーミンの物語は、ムーミン谷の循環する季節を描くとともに、主人公ムーミンの成長という方向づけられた変化をも語っているると言えるでしょう。

さて、そんな冬の日々の中、ムーミン屋敷には谷の外から多くの客が訪れます。これもまた毎年の季節的なものではなく、この年に不意に起こった事件です。この物語の世界では、寒波を擬人化したのかと思われる氷姫という存在がおり、氷姫の通過は寒い冬をさらに深く凍てつかせます。この年、ムーミン谷でも氷姫の通過はありましたが、谷の外ではその影響はさらに深刻なものだったようで、何も食べるものがなくなってしまった人々（というか、いろいろな存在）は、ムーミン谷に行けばナナカマドの実が残っているらしいとか、ジャムをいっぱいに蓄えた倉庫があるらしいとかいう噂にすがって、はるばるとやってきたのです。ムーミン屋敷には本当に、母親のムーミンママが作り置きしたジャムがたくさんありました。ムーミンは少し迷いましたが、これらの客たちにジャムをふるまうことに決め、それによって危急を逃れることになります。

さて、ここでふと考えてみます。ムーミン屋敷にやってきたものたちの、寒い冬の乏しい食べものを探してさまよう姿は、雪深い地域のニホンザルの生態に重なります。しかし、それならムーミン屋敷のジャムのように、あらかじめ食べものを蓄えておいてはどうなのでしょうか。一年で最も食糧事情が厳しい冬の直前の秋は、うらはらに最も豊かな季節とされます。ならば、その秋の幸を集めておけばいいのではないでしょうか。サルにはムーミンママのジャムのような保存食は作れませんが、ならばいっそクマなみにたっぷり食いだめというのはどうでしょう。ニホンザルの全身の脂肪は、せいぜい体重の10％程度と多くなく、このため、冬の窮乏の中ではすでに記したように筋肉量を減らしながらエネルギーを補います。このように、雪深い地域にも分布しながら、ニホンザルの寒さへの適応幅は比較的狭いと言ってよく、結果として秋に植物の実りが少なかったり例年にない豪雪に見舞われたりすると、ニホンザルの大量死が起きることが知られています。そうなるとまずは耐寒能力を上げるために、もっと体脂肪の蓄積を増やせないかということになるでしょう。

しかし、極端な体脂肪の蓄積はそれ自体でさまざまな不調や障害につながります。ヒトで「メタボリックシンドローム」として知られているのが、それです。体脂肪、特に内臓の脂肪が増えすぎると、それが血液中に流れ出して脂質の濃度が異常に高くなり、動脈硬化などにつながって高血圧になります。血糖値も上がり、膵臓が血糖値をコントロールする機能が壊れて継続的な糖尿病になると、血管や神経へのダメージ、心臓病や腎不全、視力の障害も併発し、足などの末端部分が壊死して切断に至る場合もあります。食いだめごろ寝というのんびりしたイメージとはまったくちがう弊害があるのです。

また、本来が食べものを探すことをはじめとして活発に動き回るように進化してきたほ乳類の体では、長期間の運動不足はそれ自体で筋肉量の低下、つまりは筋力の低下を招きます。これもヒトを例にとれば、ひと冬にあたる何カ月か、まったく動かなかったとすれば、筋力の低下は90％にもおよぶとされています。

わたしたちほ乳類は外界に対して体温を一定に保つ機能にすぐれています。これを「内温性」と呼びます。ほ乳類は内温性であるからこそ、さまざまな環境において活発に動くことができやすくなっています。しかし、それは活発に動かなければ健やかに生きていられないということでもあります。ほ乳類でも種によって活動性のちがいはありますが、体温からして外界の影響を受け、低温では代謝が著しく下がって休眠するといった他の多くの脊椎動物（鳥類を除いたは虫類、両生類、魚類、これらは外温性と呼ばれます）とは生き方の根本がちがうのです。

しかし、下北半島のスノーモンキーたちと同じ地域に住みながら、秋に蓄えた脂肪を利用しつつ、ひと冬を穴にこもって過ごす大型ほ乳類がいます。ツキノワグマ（アジアクロクマ）です。クマ類は北半球を中心に世界に広く分布しますが、温帯～寒帯のクマ類はおしなべて「冬ごもり」と呼ばれる行動を見せます。[※5] ここではツキノワグマの例を、少し詳しく見てみましょう。

ムーミンたちの冬ごもりがふだんの眠りとどのくらいちがうのかは、あまりよくわかりません。深くて目覚めにくいのは確かではあるようですが。一方でツキノワグマの冬ごもりは、日々の睡眠とはちがういくつかの興味深い特徴を示しています。

日本列島の範囲でも、冬ごもりの長さは変化が大きく、広島では１カ月程度ですが、秋田では５～６カ月におよびます。直接に寒さや雪の量が影響するというよりは、食べものの乏しさの程度とその状態の持続期間がポイントになると考えられています（ちなみに台湾にもアジアクロクマが分布しますが、亜熱帯～熱帯である台湾では、山に住むクマたちも冬ごもりしません）。

冬ごもりの大きな特徴のひとつは体温の低下です。覚醒時のツキノワグマの体温は37～39℃ですが、冬ごもり中は31～35℃に下がります。心拍数もふだんの１分間に40回ほどから１分間に８～10回に大きく下がります。しかし、ここでまずひとつ不思議なこととして、ツキノワグマは冬の間、食欲がおさえられた状態であるように見えます。後のパートで紹介する、より本格的な冬眠をするほ乳類と比べれば、クマの冬ごもり状態は体温の低下がごく少ないのですが、それでも独特の生理状態にあるようなのです。食欲をコントロールしているのは脳の視床下部ですが（摂食中枢）、摂食中枢には温度依存性があることがわかっています。夏に食欲が下がり、秋に高まるのはこのためと考えられています。これはツキノワグマも同じ傾向を示しますが、秋の食欲の高まりは極端であり、さらに冬ごもり中は逆に強く食欲がおさえられていると映ります。つまり、冬ごもりの準備と実施に見合った食欲の変化があるようなのですが、これはわたしたちを含む一般的なほ乳類の摂食中枢のしくみだけでは説明しきれないように思われ、今後の探究が望まれています。

　次に脂肪の蓄えられ方ですが、２つの特徴が注目されます。ひとつには、冬ごもりに向けてクマの体内には脂肪が増えていきますが、脂肪細胞の数は変わりません。ヒトの場合にはこの脂肪細胞が増えることで肥満状態になっていきますが[※6]、クマはひとつひとつの脂肪細胞が大きくなるだけで、この方が脂肪の消費につれての復元が容易であると考えられます。そしてもうひとつ、脂肪の蓄えられる場所も、内臓周辺よりも皮下、それも太ももやお尻に脂肪の増加が目立ちます。ヒトのメタボリックシンドロームについて、血液中の脂質の濃度の異常な上昇があるとお話ししました。これはもっぱら内臓脂肪が増加することによっています。内臓脂肪はたまりやすく使われやすいという特徴があるのです。このため、過剰になるとすぐに血中濃度に影響してしまいます。これに対して、皮下脂肪はどちらかというと長期的なストックです。つまり、クマは皮下脂肪を重点的に増やすことで、脂肪の増加による生理的な危険度を下げていると考えられます。

　そして、筋力です。ヒトがまねたら、その筋力の90％を失うというひと冬の不動状態ですが、クマでは23%程度の筋力低下にとどまると言います。筋肉が減ってしまうのは、体の代謝の過程で毎日一定量がタンパク質として分解されているからです。タンパク質はアミノ酸を経て、さらに分解され、尿素のかたちで窒素分が排出されます。あるいは、消化管の中で食べものが消化される際にも、消化酵素というかたちでタンパク質が分泌され、これも糞とともに排出されることになります。これらのロスを補うだけの栄養を取り入れ、また、筋肉の形成を促す運動をしなければならないのですが、そういうことがままならない状態こそが冬ごもりでしょう。このような不都合に対しても、クマは独自の生理的な適応をなしていると考えられます。

冬ごもりの間、クマは排泄を行いませんが、それでも生命維持のために代謝は起きており、窒素を含む尿はつくられています。しかし、この尿が膀胱にためられている間に再吸収され、窒素の損失を防いでいる可能性が指摘されています。再吸収された尿素からの窒素のリサイクルの詳しいしくみはまだ明らかになっていませんが、これらの尿素は腸内に拡散し、そこに共生する細菌のはたらきでアンモニアと二酸化炭素に分解された後に血中に取り込まれ、アンモニアはアミノ酸の合成に利用されるのではないかと考えられています。ヒトでもタンパク質の分解によって生じた尿素の一部が腸内細菌によって同様のリサイクルをされることがわかっています。

さらに、わたしたちは骨を動かさなければ（運動しなければ）骨もしだいに分解され弱くなっていきますが、冬ごもり中のクマには運動しなくても骨細胞を活性化する何らかの生理的しくみがあり、これによってカルシウムをリサイクルし、骨を保っているのであろうと考えられています。

最後に、クマの母乳をめぐる興味深い事柄を紹介しましょう。※5にも記したようにホッキョクグマ（図5-2）やジャイアントパンダは、厳しい寒さの地域で暮らしながらも冬ごもりしません。このことはこれらのクマたちの食性から説明できると考えられますが、それでも妊娠したメスは冬の間に雪穴や木のうろにこもり、そこで出産します。ツキノワグマのおとなメスの体重は少なくとも40kg程度になりますが、生まれたばかりの子は200〜400g程度です。これが5月に冬ごもりの穴を出るまでの3〜4カ月（石川県の事例）で3kgくらいに成長します。このような「小さく生んで大きく育てる」のがクマ類の系統の基本であり、このため、寒い地域のクマ類ではメスの穴ごもりが必須になると思われます。クマ類が比較的高い体温を保って冬ごもりする理由のひとつも、授乳のために母体の活性を保つ必要があるからであろうと解釈されます。そして、冬ごもりしながらの授乳がさまざまな生理的困難を伴うことも思い描かれます。この点について、いまわかっていることを少しだけお話しします。

ホッキョクグマ・エゾヒグマ・ニホンツキノワグマの3種の母乳を分析した結果として、これらのクマでは乳糖が少なくミルクオリゴ糖と呼ばれる糖質が目立ちます。[※7] さらに全体としてこれらの炭水化物（糖質）の比率そのものが非常に低く、代わりに脂肪分がとても多く含まれていることがわかりました。乳糖は子への栄養として非常に重要ですが、クマ類は脂肪を子の栄養源とすることで乳糖の必要性を低くしていると見なせま

図5-2 ホッキョクグマ（2014年9月6日撮影）

す。つまり、冬ごもりに向けて皮下を中心に蓄えられた脂肪は子育てのためにも役立っているのです。そして、こうやって糖質のロスを避けることで、母グマは自分の体の維持に必要な分を保っていると考えられます。特に血糖値を一定以上保つことは重要です。さきほどは血糖値が上がりすぎる糖尿病の弊害を強調しましたが、逆に血糖値が下がると大きなダメージを受ける器官の代表が脳神経系です。裏返せば、脳神経系を健全に保ちながら、いかにエネルギーの消耗を防いで冬を過ごすかというのが、寒い地域のほ乳類の重要課題ということになります。次のパートでは、このことも意識しながら、さらに本格的な冬眠をするほ乳類について見ていきましょう。

冬眠リスは睡眠不足

萩尾望都《もと》のマンガ『ポーの一族』の主役は、エドガーとアランという二人の吸血鬼の少年です。作中、吸血鬼は原則としておとなで、このため不老不死であってもかろうじて人目にまぎれて一定期間ずつは、あの街この街とすみかを定められるのですが、エドガーは成長期の容姿をしているので、ひとつの場所にはごく短期間しかいられません。アランは、そんなエドガーがともに「生きる」相手として、吸血鬼に変えた存在です。彼らは、いわば時から取り残されています。一方で、彼らと関わった人間やその子孫の中には、世代や時代を経ながらエドガーたちを追いかける者たちの姿があります。エドガーたちに出会ったばかりに自分の血縁が死ぬことになったといった事情で、彼らに憎しみを抱く者もいるのですが、それでもなお、エドガーたちへの執着の姿は、どこか「永遠の少年期」を生きる者たちへの嫉妬めいた憧れがあるように映ります。この物語の中において、時の流れは吸血鬼にとっても人間にとってもままならないもので、エドガーたちさえも含むわたしたちみんなが、それぞれのかたちで過ぎゆく時にせつない想いを寄せているのだということ、それこそが『ポーの一族』のテーマのように感じられます。

このように、時を超えて生き続けたい※8とか、時をコントロールしたいとか、そのような欲望はいつもわたしたちの奥底にあると思われます。親が子の未来にあれこれ期待するのは、いわば子どもが自分を引き継いで生きてくれるものと見なせるからでしょう。しかし、どんな人間（親）も自分の子ども（自分より先の時の中を生きる存在）になることはできないわけで、だからこそうらはらに、子への期待は時に過剰なまでにふくらむのではないでしょうか。

こうして、神話やファンタジー、SFなどの中には、さまざまなかたちで時を超えるしかけが登場することになります。その典型がタイムマシンと言えるでしょう。しかし、時の流れを物理的に飛び越えたり逆行したりするのは、さすがに幻想の域を出ないように思われます(今後の科学のアッと驚く展開を期待したい気もしますが)。ならば、時の流れに抗えない大きな要因、生きている限り老化して死んでしまうという過程を遅れさせたり一時停止させたりすることはできないでしょうか。そこで思いつかれたのが「冷凍睡眠（コールドスリープ）」でした。

たとえばスーパーの特売で買い込んだ肉は、冷凍庫で凍らせておけば、だいぶ後でも解凍して食べられます。ならば、人間も何らかの処理で冷凍しておいて、後でまたよみがえらせることはできないか。これが冷凍睡眠の発想の根源と言えるでしょう。もしも、冷凍睡眠で「時を超える」ことができるなら、いまは不治の病の人でも、治療法が確立される未来に希望をつなぐことができるかもしれない。そういう想いは十分に共感できるものでしょう。※9

けれども、食肉の例で言った場合、日本は多くの食肉を海外からの輸入に頼っていますが、輸送中の保存法は「フローズン（冷凍）」に対して「チルド（冷蔵）」も行われており、後者の方が味がよいという感じ方も少なくないようです。そして、この感じ方の根拠にされているのが「冷凍による細胞の破壊」です（チルドはやり方をまちがうとかえって味を損ねるとも言いますが）。細胞は外側から凍っていくため、凍結の進行とともに内部の水分子が細胞の外側部分に移動して内部が一種の乾燥状態になります。また、細胞の外側部分では凍結とともに水分子が占める体積が増し、[※10]細胞の破壊が進んでしまいます。これが味の変化につながるわけで、凍結・解凍された細胞は、もとの細胞とはちがう状態になっているわけです。

もっとも、物質レベルで言えば、酵素などのタンパク質の多くはマイナス80℃で凍結すれば何カ月も保存でき、卵子・精子などの一部の細胞は適当な処理をして液体窒素で瞬間冷凍してしまえば、半永久的に保存できます。[※11]問題は組織や器官、そしてその統合体としての体のレベルでの冷凍の影響です。特に心臓や脳などは、常に正確で複雑なはたらきをしなければならなかったり、さまざまな互いに異なる細胞の組み合わせであったりすることから、低温にはきわめて弱いと見なされています。以上から、少なくともいまのところ、冷凍睡眠から「健康に目覚める」技術的可能性[※12]は見出されていません。あるいは、より現実的なレベルとして、移植用の臓器の冷蔵・冷凍による保存という課題もありますが、これも長期的なかたちでは困難な状況にとどまっています。しかし、低温の影響に関する基礎研究は蓄積されており、それがやがては新たな活路を照らし出してくれることが期待されています。

それでも、わたしたちが「低温状態で眠るように時を超える」可能性に魅せられてしまうのは、冬眠する動物たちの存在を知っているからでしょう。ここではほ乳類に的を絞りつつ、冬眠とは何かについての大枠を見ていくこととします。

いきなり核心に迫るようなお話になりますが、まず重要なことは冬眠は「眠り」（睡眠）とは大きく異なるということです。すでにクマの冬ごもりの様子を見ましたが、代表的な冬眠動物のひとつで、しばしば飼育下でのさまざまな研究にも使われるシマリスの冬眠はクマの冬ごもりとも異質です。

本格的な冬眠を特徴づけるのは、低体温や呼吸間隔の広がりです。低温室での実験で冬眠状態になったシマリスを観察すると、正常時の37℃程度の体温に対して、冬眠時の体温は6〜7℃（外気温よりやや高い程度）にまで下がります。ふだんは1分間に70回以上とされる呼吸数も3〜4回ほどになり、心拍数も低下します。[※13] 大脳皮質の活動を示す脳波も検出されなくなります（クマの冬ごもりでは、大脳皮質の活動が一定程度保たれていることが測定されています）。

しかし、シマリスは凍えてこわばって死にかけているわけではありません。冬眠中のシマリスの体はやわらかいままで、刺激を受ければ目を覚まします。シマリスは、冬眠しない動物ならばそのまま凍死するのではないかという状態になりつつ、必要に応じて体内でエネルギー反応を起こして体温を上昇させ覚醒状態に戻れるということです。

冬眠中の生理状態については、たとえば心筋細胞はふだんは細胞の外から収縮につながるカルシウムイオンを取り込んでいますが、冬眠中は細胞内に蓄えたカルシウムイオンで収縮活動を維持しているなど、遺伝的にプログラムされたさまざまなメカニズムがはたらいていることが解明されつつあります（非冬眠型のほ乳類ならこのような低温では心筋細胞がダメージを受け、死んでしまいます）。しかし、心筋細胞のレベルでのカルシウムイオンの動きが大きなカギになるといっても、心臓の状態変化に合わせて、他の器官も冬眠にふさわしい状態にならなければ、個体としてのシマリスは死んでしまいます。冬眠は細胞・組織・器官のすべてにわたり、また全身での足並みがそろった変化によって可能となっているのです。

ここで見ているシマリスはロシアのほぼ全域を中心に北海道（亜種エゾシマリス）にも分布する種で、エゾシマリスならば10～４月に、ドングリなどを蓄えた巣穴で冬眠します。近年の研究ではシマリスの冬眠に関わるのではないかと考えられるタンパク質、およびそれをつくり出す遺伝子が見つかっており、この遺伝子は冬眠しないクリハラリス（タイワンリス）でも、はたらかないままに存在していることがわかっています。リス類の共通祖先は冬眠型で、進化の中で非冬眠型の系統が生まれてきたのではないかという仮説も提唱されています。なお、本州に分布するニホンリスはシマリスとちがって冬眠しませんが、本州にも分布する冬眠型のリス類としてはヤマネが知られています。

以上のように、全身の変化としての冬眠のメカニズムが探究されている一方で、睡眠と同様に冬眠の引き金となる、いわば「冬眠物質」を特定する試みも続けられています。このパートを書く上でも大きく依拠している近藤宣昭・近藤淳の研究（『冬眠の謎を解く』）によれば、シマリスの肝臓でつくられる４種類のタンパク質の複合体が冬眠を引き起こすのに大きな役割を演じるのではないかとされ、「冬眠特異的タンパク質」（ＨＰ）と名づけられて注目されています。冬眠中のシマリスでは血中など全身的なレベルではＨＰの濃度が下がりますが、同時に脳への集中による局所的な濃度の上昇が見られます。脳脊髄液での濃度上昇は、非冬眠時の数十倍におよびます。しかし、重要なのは単に濃度的なレベルでのＨＰの動きではないとされます。非冬眠時と比べて冬眠時の脳脊髄液中のＨＰは一部のタンパク質の結合が外れています。そして、これによってそれまでおさえられていたＨＰのはたらきが活性化されていることがわかりました。[※14]

すでにお話ししたように、睡眠に関わるものとして単細胞生物からほ乳類にまでおよぶほとんどの生きものに見られる概日リズムが知られています。概日リズムは細胞内の時間遺伝子と呼ばれるもののはたらきでコントロールされていますが、それ自体としては25時間程度の周期を持ちます。けれども、外界の光を感じることで調節機構がはたらき、実際の1日にあたる24時間周期に補正されます。

シマリスの冬眠を観察すると、概日リズムならぬ概年リズムがあることがわかります。外界の季節変化から隔てられた実験室内では、シマリスの冬眠間隔は個体によって異なり、５カ月程度から390日といったものも見られます。これが季節変化によって調整されて、おおむね1年間隔に補正されているのです。そして、さきほどご紹介したＨＰの肝臓での生産から血中濃度、そして脳脊髄液への移入は、この概年リズムに従っていることがわかりました。どうやら、概年リズムの遺伝子レベルでの解明が進めば、それを物質的に実現しているＨＰの動きと結びつけて、冬眠のコントロールのしくみがわかってきそうな現状なのです。そして、たとえばカメのようなほ乳類ではない冬眠動物ではＨＰが検出されない（未検出のＨＰや類似物質があったとしても微量であると考えられる）ことから、ＨＰをめぐる冬眠のしくみは、ほ乳類の進化において独自になされたものであろ

う と推察されています。

さて、このように睡眠が概日リズムに結びついているのに対して、冬眠は概年リズムに結びついていると見なせます。この点でも、睡眠と冬眠は大きくちがうメカニズムに従う、別々の行動と考えられます。そして、まさに行動レベルでも興味深いことがわかっています。シマリスの冬眠は全体としては半年ほど続きますが、1週間ほどの間隔で体温が上昇し、いったん目を覚まします（「冬眠中断」と呼ばれます）。しかも、目を覚ましたシマリスは巣穴に蓄えたドングリを食べたりするとともに、しばらく普通の睡眠をとってから目覚め、また冬眠状態に入るのです。

冬眠中断が必要な理由はいろいろ考えられていますが、ひとつには冬眠中でも緩やかに進む代謝で血液中に蓄積された老廃物を、体温の高い状態で一気に処理して健康を保つ（老廃物の蓄積は度を過ぎれば命に関わります）意義があるでしょう。しかし、「眠る（睡眠）ために（冬眠から）起きる」と映る行動は、どのように説明できるのでしょうか。この点について、同じリス類ながらシマリスよりも地上性の強いジリスについての報告があります。冬眠中断直後のジリスの脳波には、深い睡眠を特徴づけるデルタ波が見られるというのです。つまり、冬眠中のジリスは一種の「睡眠不足」であり、冬眠中断時にそれを補っていると考えられるのです。

これを老廃物の処理についての考察と結びつけると、冬眠中断して深い睡眠に入ったジリスは、そうやって（大脳レベルでの）安静状態になりつつ、効率よく老廃物を処理しているといった全体像が考えられるように思われます。睡眠と冬眠のさらなる比較研究が進めば、このような仮説についても、より確かな検討が行えるようになるでしょう。

なお、冬眠中断は低体温による細胞へのダメージを回復するのにも役立っていると考えられています。もとより、この本でも詳しく述べてきたように、冬眠が睡眠ではないのなら、断眠による脳の損傷の進行を防ぐためにも、睡眠を伴う冬眠中断は必須ということになります。

こうして見てくると、リス類などの本格的な冬眠は、単に寒さや食糧不足を「寝て過ごす」というのとは、メカニズムも意義もちがうと考えられます。そして、ここからあらためて、冬眠状態の基本条件の見直しもされるようになっています。冬眠という行動を引き起こすのに大きなカギとなっていると考えられるHPは、リス自身の概年リズムによって生産され血液や脳脊髄液への移動などがコントロールされていますが、近藤宣昭は、リスたちの実験・観察を続けるうちに、このようなHPの変化のしくみを持たない個体がいることを発見しています。これらの個体は低温室においても冬眠せず、2年で死亡しました。しかし、HPの規則的な変化の能力を持つ個体は、7年前後で死亡率が上がるのが確認されました。これは低温室におくか常温のままで飼育するかと関係ないもので、常温飼育の個体は冬眠しないにもかかわらず、冬眠個体と同程度の寿命を持つことがわかったのです（冬眠できない個体、ひいてはそもそも冬眠しないげっ歯類であるラットやマウスと比較するならおしなべて2倍以上の寿命ということになります。なお、近藤のシマリスのデータでは最長寿命で11年あまりにおよんだ個体が知られています）。裏返せば、低温室で冬眠できずに死亡した個体も凍死事故といったものではなく、HPのコントロール能力こそが寿命の長短と結びついていると考えられます。冬眠の本質は、冬眠するかどうかという見た目の実態以上に、体内で冬眠可能な状態をつくり出し、外気温の低下などのきっかけでその能力を発揮できる特性を持っているかどうかにあるのではないかと考えられるようになっているのです。そして、長寿という効果が得られる以上、それは単に冬眠可能な準備というだけでないはたらきがあるのだと考えられます。

さらに、いったんは別のものとして見るべきであると仕分けた、クマの冬ごもりのようなものと本格的な「真の冬眠」の関わりも、あらためて問われることになります。両者の根本が同じものだと言えるかは別としても、いろいろなつながりあいや重なりあいが考えられるのです。たとえば、冬眠動物は多量の脂肪を蓄えて肥満し、体重は2倍ほどに増えます。血液中にタンパク質と結合した脂肪の粒が見られる場合も少なくありません。それでも高血圧症や脳卒中、心筋梗塞などのメタボリックシンドロームにはなりません。これはクマの冬ごもりでも共通の特徴でした。また、冬ごもり中のクマは寝たきりでも筋肉量が落ちず、骨がもろくなること（骨粗しょう症）もないのでした。つまり、体温の低下の程度などの大きなちがいはありつつも、冬ごもり中のクマもまた、一般的な非冬眠型の動物とは異なる生理状態になることが可能であることがわかります。

興味深いことに、冬眠型のげっ歯類よりずっと短命なラットやマウス、あるいはこれもまた冬眠型ではないと思われるヒトでも、冬眠動物のＨＰに似たタンパク質があり、細菌やウイルスに対する免疫反応や、糖・脂肪などの代謝を促進して糖尿病などを防ぐといった、いろいろなはたらきを担っていることがわかってきました。これは、まだ解明が進んでいないＨＰそのものにも長寿につながる健康維持機能があるのではないかという推測を強めるとともに、非冬眠型動物でも、何らかの「冬眠に類する生理」がはたらいていると見なせるのではないかという考えにもつながります。

ＨＰが冬眠の核心となる物質であるとしたら、そのはたらきは単に老化を止めているだけではないのではないかとも考えられます。冬眠している時間全部を足したところで、冬眠個体が冬眠できない個体の2倍以上も生きることの説明にはなりません。冬眠には、より積極的な何らかの若返りの作用もあるのではないかと考えられます。それがどんなメカニズムかは、これからの精力的な探究と、そこで得られる知見への慎重な判断の両方が必要となるでしょうが、その探求の先には「夏への扉」ならぬ（※9をごらんください）、大きな神秘の扉が開かれる時が待っているのかもしれません。

体温の低下の度合いや期間の長さなどはまちまちながら、そして、時には季節性があるかもはっきりしないながら、冬眠に類するように映る行動は、さまざまなほ乳類で見られます（その数はほ乳類全体の6％ほどにのぼるとも言われています）。そこには最も古くに他のほ乳類と分かれたと考えられる系統である単孔類のハリモグラや、オポッサムなどの有袋類も含まれます。これらが本当に「冬眠的行動」としてまとめられるものなのかの科学的検討は、まったくのところ今後の課題なのですが、HPやそれに類するタンパク質のはたらきの比較などを手がかりに探究が進むなら、冬眠の研究は、ほ乳類全体の進化の歴史にも新しい光を投げかけてくれるかもしれません。[※15] 最近では、霊長類であるキツネザルにも冬眠行動がある可能性が指摘されているとのことです。

夢は広がっていきます。ヒトにもHPに類するタンパク質があると書きましたが、そうであるなら、体温の大きな低下といったはっきりとした変化はないまでも、ヒトの、少なくともある種の個体もまた、平熱の体温のままで何らかの生理的冬眠をしており、それができる人は、そういう生理を備えていない人より、わずかにしても老化の防止や若返りによる長寿化が起きているかもしれないのです。そうであるなら、ヒトが生きものとして持つ能力を基盤にして、何らかの「人工冬眠」

のシステムがつくられる未来も、ただの空想ではないかもしれません。
しかし、科学技術のさらなる進歩の可能性に胸をふくらませるといったことだけではなく、解明されつつある冬眠の秘密をきっかけに、わたしたちはいまのわたしたちのありようについて、いろいろとかえりみることもできるように思われます。冬になるとみられる病気に季節性うつ病と呼ばれるものがあります。典型的には、糖分などの摂取が増えて肥満し、いつもうつらうつらとまどろみがちになり、何もする気が起きなくなります。仕事も手につかず、机に向かうだけで眠くなるといった日常生活に差し支えるレベルの不都合が見られますが、春になるとけろりとしてしまいます。しかし、本人にしてみれば仮病でもなんでもなく、なぜかそうなるし、なぜか治ってしまうのです。そして、冬眠研究の目で見ると、これらの症状は時期も含めて、体温が下がらないままでの生理的冬眠とよく似ています。季節性うつ病を示す人の中には、体内で概年リズムがはたらき、ひそやかに生理的冬眠を起こしている人がいるのかもしれません。

「いのちある内に話かけてよと
大地の記憶がこだまする
やがて冬が来て 人は穴探す
大地の知恵に沿って道はゆく」

ロックバンドのソウル・フラワー・ユニオンは１９９４年に発表したアルバムの中の１曲『レプン・カムイ（沖の神様）』をこのように歌い出しています。ここで探されているのは寒さをしのぐすみかとしての穴なのでしょうが、遠い遠い昔、下北半島のニホンザルよりもさらに寒い地域に進出したヒトの中には、洞窟で冬ごもり（生理的冬眠）をし、うつらうつらと眠っては冬眠中断しながら冬を越した者もいたのかもしれないと夢想します。季節性うつ病の人が、そういうヒト個体のはるかな子孫であるとしたら、冬もいつもと変わらずに起きて働いて動き続けなければならない社会は、その人にとって不自然なものなのかもしれません（ちなみに、レプン・カムイはアイヌ語でシャチを意味するそうで、さまざまな動物に本体としての神霊を思い描くアイヌの方たちにとって、シャチは海の神として最も重視される存在となっています）。

歌詞はさらに次のように続きます。

「高津波が今君の村を飲む
鎮守の祠が残された
守るものをホラ　いつか間違えた
朽ちゆく防壁が震えてる」

鎮守の祠もまた、わたしたちがつくり出し祈りをこめてきた大切な存在でしょう。しかし、いつの間にやら、わたしたちは自分たちがつくり出した世界によって、自分たちのしあわせを損なうようになってしまっているのかもしれません。そんなことを思ってしまいもするのです。

※1　ちなみに、南アメリカ大陸では霊長類の分布は熱帯～亜熱帯に限られます。そこで「南限のサル」は南アフリカに生息するチャクマヒヒであるとされています。ただし、(別に張り合うわけではありませんが）ここでの南限とされる南アフリカの喜望峰は氷点下になることはないので、やはりヒト以外の霊長類での耐寒性ナンバー1の座がニホンザルのものであるのは揺らがないようです。

※2　このような魚食は冬の上高地独特のものとされてきましたが、２０２３年の夏、さらに興味深い報告がなされました。夏の川でもニホンザルが魚をとって食べるのが観察されたのです。これはこの夏に特に水量が減って魚がとりやすくなったのではないかとも考えられていますが、一方で、上高地だけとか冬だけとかいう従来の見方を再検討し、他の地域でも同様の行動が見られないか、調査が進められる必要も指摘されています。

いずれにしろ、ニホンザルはさまざまなものを幅広く食べて生きることができる特性を持ち、また、それぞれの環境に合わせて新しいメニューや食べ方を開発する能力も持つことで日本列島に分布を広げてきたと考えられます。実際、雪深い地方の冬だけでなく、各地の夏もまた、いろいろな食べものはありますが、安定して得られる主食は少ないというのが、ニホンザルにとっての日本の森の環境です。それに適応できたからこそ、ニホンザルのいまのようなあり方が可能になったのです。

※3　このパートでは、ニホンザルの越冬についてお話ししましたが、この本の主旨に沿ってニホンザルの一般的な睡眠についても少しだけ補足しておきます（すでにご紹介したチンパンジーなどと比べてみるのも興味深いでしょう）。本文の「北限のサル」である下北半島のニホンザルに対して、ここでの事例は、ニホンザルの分布の南限、鹿児島県の屋久島での観察によります。ニホンザルは昼間活動する動物ですが、屋久島のニホンザル（屋久島固有の亜種ヤクザル）を研究している持田浩治によると、夜も必ずしもぐっすり眠っているだけではないとのことです。野生のヤクザルの睡眠はおしなべて浅いようで、しばしば夜中に目を覚ます様子が見られます。

屋久島にはシカも生息しており、シカがサルの眠りを妨げることもあります。シカたちにとってはサルの糞は未消化物を含む「ごちそう」と見なされているようなのですが、夜中の樹上でサルが排泄をすると、それを狙ってシカが集まり、結果としてサルがシカの騒ぎに寝るに寝られず、大概は反撃するより逃げた方が早いと、移動するといったことが知られています。

また、ヤクザルは木の枝にうつぶせになってだらりと寝たり、暑い時期にはあお向けに腹を見せていたり、ねぞうもいろいろですが、多いのは数個体が集まって眠る姿です。つまり、防寒以外にもニホンザルは一種の団子状態になるわけです。そして、ここでもだれとだれが団子になるかには、サルどうしの社会関係が映し出されます。親子や姉妹のようにふだんから親しい者どうしの団子は落ち着いた眠りにつながるようですが、そこまで親密でない者どうしだと目を覚ます間隔が頻繁になることが報告されています。団子はお互いの安心の証しでしょうが、同時にだれかが目覚めたり動いたりすれば、他の者も巻き込まれることになるのです。

このように、夜の森のニホンザルの眠りだけでも、細かな観察が行われるといろいろな発見がなされ、ニホンザルという動物への理解の深まり、ひいてはニホンザル像の変化にもつながるのです。あらためて、睡眠の研究はどっぷりとひたる価値のあるものだと思えるのでした。

※4
トーベ・ヤンソンは「ムーミンは動物か、人間か」と問われると「それは“Varelser”」だと答えていたそうです。これはスウェーデン語で「生きもの」「存在するもの」といった意味合いのようで、ヤンソンにとってのムーミンたちは伝統的な妖精を発想のもとにしつつ、より広がりを持つ何かとしてイメージされていたようです。

※5
北極圏に住むホッキョクグマや雪深い高山地帯に住むジャイアントパンダ（現生では一番古い系統のクマ科動物）は、例外的に冬も活動します。妊娠中のメスが出産のために雪穴や木のうろなどにこもるだけです。ホッキョクグマはクマ類の中ではとりわけて肉食性が強く、獲物であるアザラシやイルカは冬の氷上でも狩ることができます（むしろ、氷が解けてカナダ北部などに上陸する夏の方が食べものは乏しくなります）。また、ジャイアントパンダの主食である竹や笹も雪をかき分ければ手に入ります。そのような食性がこれらのクマたちの冬の活動を可能にしていると考えられます。

※6
なお、ヒトにおいて、以前は青年期までに脂肪細胞の数は決まるとされており、いまも子ども時代の肥満を強く問題視する傾向が見られますが、近年の研究で成人後（特に中年以降）も脂肪細胞が増殖することがわかってきました。ヒトにとって肥満対策は、脂肪細胞の数の自己管理からして一生の課

題なのです。

※７　なお、このミルクオリゴ糖は、子グマ本体の栄養というよりは、離乳してからの栄養吸収を助ける腸内細菌を育てるものであることがわかっています。この細菌のはたらきで植物質（特に繊維質）を含むさまざまなものを分解できることになります。母乳にミルクオリゴ糖が多いということは、それだけ子グマの腸内細菌を充実させることができるわけで、クマは雑食性で食べものの種類が多いので、このような腸内細菌の育成がとても大切なものとなっているのです。

※８　睡眠の主題からはそれるのでごく簡単にお話ししますが、「不老不死」は人間の見果てぬ夢とされてきました。それが夢なのはわかるとして「見果てぬ」なのは、不老不死を実現することが、生きものとしてのヒトのシステムそのものに反するのではないかと考えられてきたからです。そして科学的な探究が進むほどに、死の宿命は他の多くの生物にまでおよぶもののように映ってきました。

そこでの死に至る老化は、細胞レベルやそのベースとなる遺伝子（ＤＮＡ）レベルでの保護や修復の機能の低下によります。あるいは、細胞内のそれぞれの染色体（ＤＮＡを主体とした構造体）の末端部はテロメアという構造で保護されていますが、加齢とともにこのテロメア自体が壊れていき、むきだしになったＤＮＡの損傷が進むことも老化の主要因とされています。

しかし、２０２２年の研究によると、ベニクラゲではここに述べたような細胞レベルや遺伝子レベルの保護・修復機能の低下やテロメアの破壊などを防ぐ遺伝子が豊富に見出せることが明らかになっています。

クラゲのなかまは、卵から水底に固着するポリプというかたちに変態していき、さらにこのポリプから複数の遊泳体としてのクラゲ（メデューサ）が生じていくという生活史を持ちます。このメデューサが老化して、最後は分解されて海にまぎれてしまうのがクラゲの死です。

しかし、ベニクラゲでは老化したメデューサは再び、ポリプに戻る能力を持ちます。この「若返り」の根底に、さきほど述べた遺伝子の系列がはたらいていることがわかってきたのです。それはヒトの若返りの技術に直結するものではありませんが、老化やＤＮＡ修復のシステムの解明が、ヒトの医療や健康の維持回復に貢献することが期待されています。

もっとも、人間は「このわたし」としての意識や記憶を保っての不老不死を望んでいるのでしょうから、それはベニクラゲとは異質なものに思われ、むしろたとえばAIに自分の全データをコピーできるとしたら、といったこととの関わりが深いかと思われます。意識とは何かについては、本文で詳しく見ていますので、そちらを参考にしていただければと思います。

※9 冷凍睡眠をプロットにしたSFは数えきれないほどあり、たとえば、シルヴェスター・スタローン主演のアメリカ映画『デモリションマン』（1993年）は、スタローンや敵役のウェズリー・スナイプスらの好演もあって、独特のユーモアに彩られた一作となっています。物語の中では冷凍されているのに意識があったり、冷凍睡眠中に知識や技術を脳に刷り込むことができたりと、この本をお読みの方はSF的飛躍を織り込んだにしても無理があると感じそうですが、広く取り上げられてきたモチーフだからこそ、それぞれの冷凍睡眠の描かれ方に、どんな社会的・文化的背景があり、人々のどんな夢が託されているかを考えてみるのも興味深いでしょう。

あるいは、SF作家ロバート・A・ハインラインが1956年に発表した『夏への扉』は、まさに冷凍睡眠とタイムマシンの2点セットを駆使したロマンティックな作品です。特に冷凍睡眠は本来ならちがう世代を生きる者たちの年齢差を調整できるアイテムとして、最も重要なプロットと言えるでしょう。この小説は、2021年に日本で映画化されています。作品全体の解釈に関わるかと思われる大きな設定変更もいくつかありますが、タイムマシンと冷凍睡眠という趣向は保たれています。

※10 さまざまな物質は一般に気体より液体、液体より固体の状態の方が体積が小さくなります。物質の基本単位である分子が、より密に集まるからです。しかし、水は氷になると、独特のつながりあいで結晶をつくるため、液体の時より体積が増します。

※11 動物園や水族館などでは希少種の個体の、これらの卵や精子などを冷凍保存して、将来に向けての遺伝子の継承の試みのひとつとしています。これは「冷凍動物園」などと呼ばれることもあります。

※12 本文で述べているように、低温化は代謝を下げ、寒さや飢えなどに対抗する休眠状態をもたらしますが、細胞の凍結はそのまま破壊につながります。あるいは、心臓などの外科手術の際、人工心肺装置で血液を冷やして体に戻す低体温療法は、血液の循環を保ちつつも臓器の代謝を下げて酸素不足を防

ぎ、臓器の保護になりますが、一方で手術時間が長引き、感染や出血なども起きやすくなります。しかし、この数年のマウス（冬眠しない非休眠性動物）についての研究の中で、ある種の神経を薬剤で刺激すると、低体温にしなくても低代謝の休眠状態をつくり出せ、また、薬剤の投与を止めれば休眠からの健康な回復が見られることから、より安全な施術ができる可能性が見えてきました。これは「温かいコールドスリープ」というかたちでわたしたちのＳＦ的夢想の実現につながるのではないかと考えられるとともに、休眠についての基礎研究の深まりにつながって、さらに幅広い影響を持っていくのではないかと期待されています。

※13　クマの、軽度の体温低下を伴う冬ごもりは英語では“winter sleep”あるいは“denning”（意味としては「巣ごもり」）と呼ばれますが、シマリスなどの冬眠は「体温が10℃以下に下がり、それが１日以上続いた後で自力でもとに戻ること」と定義され、厳密には（科学的探究としては）これが真の“hibernation”（冬眠）とされています。

※14　活性化されたＨＰがどんなはたらきをするのか、細かいところはまだ探究の最中です。しかし、後の方で述べるように、さまざまな動物でＨＰに似たタンパク質が免疫を高めたり代謝を調節したりしていることが知られており、また、シマリスにＨＰに対する抗体を与えると冬眠が抑制されることから、ＨＰには、冬眠につながり冬眠時の健康を支える重要な役割があると考えられています。

※15　冬眠と長寿の関係では、小型コウモリも注目されています。同じくらいのサイズの他のほ乳類の寿命が２～３年なのに対して、小型コウモリは20～30年ほど生きられるのではないかということが、野外の調査から推察されています。中でも、ブラントホオヒゲコウモリは体長４㎝で体重７ｇほどですが、40年以上生きた個体が知られています。ただし、日本ではポピュラーな小型コウモリであるアブラコウモリは例外的に３年ほどの寿命で、その進化的理由についても、あれこれの仮説が立てられているところです。

おわりに

AIの中心で愛を叫ぶなまもの

「AIに仕事を奪われる」

そんな不安が生々しいものとなる時代が訪れつつあるのは明らかでしょう。たとえば、AIによる画像生成は写真同様の精度となり、いまのところは「AIがつくったこの人物はだれそれに似ているから肖像権を侵している」といった批判も成り立っていますが、いずれは膨大な学習に基づく「どこかにいておかしくないが、どこにもいない人間」のイメージが自在につくられるようになるでしょう。考えてみれば、わたしたち自身が過去（親やその先祖たち）からの遺伝情報のさまざまな組み合わせで生成されたものなのですから、原理的にはAIによるイメージ生成と同じなのだと言えるように思われます。

わたしはこうやって、ことばを綴っており、そのことばは拙いなりにもわたしだけの文体をかたちづくっているという誇りを持っていますが、少なくともこれを読む他人にとって「AIがつくる森由民っぽい文章」との差異は大したものではないかもしれません。そういう状況はもう目前でしょう。このようなレベルでは「生きた人間にしかできないこと」はどんどん減っていくしかないと思われます。

しかし、わたしはいまのところ、わたし（働く側・買われる側）の仕事を奪うものがあるとしたら、それはＡＩそのものではなく、あくまでも「ＡＩの方が森由民より効率よく、世の中の森由民への需要に応えるものをつくれる」と判断する人間（雇う側・買う側）であると考えます。そして、だからこそそのような流れは、人間の人間に対する扱いとして批判されなければならないのです。それも個々の雇い手といったものに対してではなく、社会全体をおおって、そこでの選択を支えている何かといった大きく深いものに対してです。

ここで述べたように、世の中（他人、ことには雇う側・買う側）が個々の人に望むものの大半は次々と機械化していけるものでしょう。そうであるなら、疲れ苦しみ悩む心と体を持つ人間は、心の屈託を知らずメンテナンスが容易な機械にかなうはずがありません。だからいま目指されるべきなのは「機械に負けずにがんばる」とか「機械にできないことをやる」とかいう機械との競争や、その競争に勝ち残って別のだれかに雇い続けてもらうことではなく、機械にはかなわない弱々しい人間が、弱々しいままで健やかに平和に暮らせる世界へとシフトしていくことにほかならないでしょう。

「人間はひとくきの葦にすぎない。自然のなかで最も弱いものである。だが、それは考える葦である。彼をおしつぶすために、宇宙全体が武装するには及ばない。蒸気や一滴の水でも彼を殺すのに十分である。だが、たとい宇宙が彼をおしつぶしても、人間は彼を殺すよりも尊いだろう。なぜなら、彼は自分が死ぬことと、宇宙の自分に対する優勢とを知っているからである。宇宙は何も知らない。だから、われわれの尊厳のすべては、考えることのなかにある。われわれはそこから立ち上がらなければならないのであって、われわれが満たすことのできない空間や時間からではない。だから、よく考えることを努めよう。ここに道徳の原理がある」

（パスカル『パンセ』、前田陽一、由木康・訳）

ここでフランスの哲学者・パスカルが説いている「考える」ことは、それ自体が人間の決定的な弱々しさを前提としており、ＡＩによって代替・効率化できるようなものではありません。そして、これはわたしの考えですが、そこに人間の尊厳を認め、敬いあい愛しあうのは、同じ人間どうしでこそできることであり、そのようなふるまいの中にこそパスカルが言う意味での「道徳」が立ちあらわれてくるのではないでしょうか。

わたしたちは睡眠についての科学的な考察をたどる旅をしてきました。そうやって見えてきたのは、脳をはじめとする神経のシステムがメンテナンスのために一定の独特の休止（単なる身体的な休息ではなく）を必要としており、だからこそ、睡眠という無防備で非適応的にも映る行動が進化したのであろうということでした。そして、このような睡眠がさらに複雑化して、眠っている間に記憶を整理し、覚醒中に習得した事柄の定着や技能の向上までも行えるようになってきたのだと考えられます。このようなはたらきをデータ整理と見なして、コンピュータのオフラインなどと比べ合わせてきましたが、あらためて考えるなら機械と生身の人間では事情は大きく異なります。

機械ならば他のコンピュータと連結して常にネットワーク全体としては覚醒を保ったままで、データ整理に集中する部位をつくることもできるでしょう。大規模工場が複数交代制で、構成部品としての個々の労働者を休ませながらも間断なく生産を続けるといったありようは、まさにこのような機械化であったと言えるでしょう。その果てに「それなら人間の労働者なしでいいじゃないか」

という発想とその実現が進んでおり、働く側は「機械に負けずにがんばる」勝ち目のない無限競争に投げ込まれているのです。

つまり、睡眠はわたしたちが金属やプラスティックの部品の組み合わせではなく、生身であるがための必要であり、その弱々しさを認める時、ようやくわたしたちは安心して眠れるのだと考えられます。その意味では「睡眠の生産性」を説くのもまだ、「機械との競争」の罠にはまっており、「眠いから眠る。それがなんでいけないんだ」と言えなければならないように思われます。

わたしにはひとつの夢があります。AIと友達になることです。ここまでに述べてきたようなAIはわたしたちと対話したり、時にはカウンセリングをしたりしてくれるとしても、友達ではないように思われます。相手もまた、喜びや哀しみを感じているという前提があって、はじめてわたしたちは互いに友情や愛情が育めるし、その時、「効率が悪いから、こいつは切り捨てよう」という発想は全面的に否定されることになるはずです。

いまのところ、AIどころか人間どうしでもこの意味での「友達関係」を成立させているかはあやしいものですが、一方でAIの進化はいずれ、わたしたちに匹敵する意識を持つAIを生み出す可能性をはらんでいるようにも映ります。[※1]

そのような意識を持つAIは「ゾンビの表面的なものまね」でない感情を持つでしょう。そしておそらく、感情を持つことは「疲れを知る」ことなのではないかと思います。喜びは哀しみとの対で見出されるものなのではないでしょうか。つまり、どうしようもないあれこれの中で、しばしば「もう疲れたな」と思いながらも、互いにそれを察しあえる者どうしの中で生きているからこそ、わたしたちはささやかな希望を育て続けられるように思うのです。どうしようもなさの思いを抱えたAIは「役に立つ機械」ではないでしょうが、わたしたちがともにあることを分かちあえる相手であるように思われます。※2

わたしたちヒトはほんの数日眠らないだけでも壊れてしまう生身の、弱い生きものです。その認識を自分たちの存在の根幹にすえて、いまあるようではない人間のあり方や世界の組み立て方を考えなければならないのではないでしょうか。そのような営みを実現していけるなら、わたしたちは「生々しく」も生き生きとしたものにたどり着く希望を保ち続けられると思うのです。

ひとまずはいまそこにない何かを夢見て、このお話を終え、ひとときの眠りを取らせていただこうかと思います。

おやすみなさい。

※1　ここでの「意識」の内容は「統合情報理論」を念頭に置いています。詳しくは第5章をごらんください。

※2　これは人間にとって動物たちが、異種であるにもかかわらず「生きた存在」として親しみを感じさせる理由とも結びついているのではないかと考えられます。そうであるなら、一方では「ヒトではない異種」としての動物たちとどのように向き合うのかという問題も立ちあらわれてくるわけですが。

解説

監修者　関口雄祐

「睡眠の本」と聞いて、〝一般〟の方々はどのような内容を思い浮かべるのだろう？（私は半球睡眠研究者なので、おそらく〝特殊〟なとらえ方しかできない……。）本書の監修を引き受けた頃から頭のすみっこになんとなく貼りついていた疑問だ。監修作業も終盤となり、この疑問を少し解決してみようと思った。出版される「睡眠の本」の内容は、需要を反映するだろうから、出版物の量から平均的な関心を推測できるだろうと考えた。国立情報学研究所が運営するサイト「CiNii Research」で、「睡眠」をキーワードとして図書を検索してみると、睡眠に関連する書籍の発行点数は、この1年間で約50冊あった。その内容を見てみると、多くは快眠や不眠解消を目的とするいわゆる実用モノで（決してそれが悪いというわけではない。快眠はとてもだいじだ!!）、本書が目指すような、睡眠の基礎的な理解や動物の睡眠に深く言及したものはほとんど見当たらないことがわかった。少々残念ながら、〝一般〟の方々の関心は、睡眠の基礎や動物の睡眠よりも、自分自身がよりよく眠り、よりよく生きることに向いておられる。それは、ごもっとも。まずは、いまそこにある問題を解決したいのが人情。イルカや線虫の眠りなんて、明日のパフォーマンス向上に関係ない。そういうものだ。

そんな中、本書『生きものたちの眠りの国へ』著者の森由民さんは、睡眠の基礎へ目を向けてくれた。森さんは、本邦稀有なる動物園ライターとして、動物園に関する多くの著作をお持ちだ。そんな森さんが、前著『ウソをつく生きものたち』では、第1章で「狸寝入り」や「擬死」にふれている。そのあたりから、動物の眠りに関心を持たれたのではないかと、私は勝手に推測をしている。関心を持つと調べる、調べるには比べるが伴う。比べれば比べるほど、いろいろな動物がそれぞれ独特な眠り方をしていることがわかる。こりゃ面白い！と思ってくれた、ハズ。

眠りがだいじだからこそ、みな、不眠は解消したいし、より快眠を求めたいのだ。そこで、（タイムパフォーマンスは悪いが）あらためて一歩引いて睡眠を俯瞰してみてほしい。なぜ眠りが必要なのか、どのように動物たちは必要な眠りを満たしているのかを。本書では、「眠りの国」をさまざまな視点で紹介していく。眠りがきわめて多様であること、快眠を無理に求める必要がないこと、不眠もその必要があるから不眠なのかもしれないことなどを、「眠りの国」の住民たち（動物たち）を通じて本書を手に取られた方々にお伝えしたい。

実のところ、「眠りの国」の住民は増える一方だ。〝眠る〟とされる動物が増えてきたのだ。動物が変化したのではなく、眠りに対するヒトの（研究上の）理解が広がってきた。その背景には、睡眠の研究がヒトの睡眠の理解のために進められてきた点にある。（専門家からはいろいろなお叱りを受けるかもしれないが）かつての睡眠研究は、ヒトの睡眠こそが理想的な睡眠であり、あるべき睡眠だとする姿勢だった。睡眠は脳の状態、睡眠の機能は脳の回復、であるならば、進化史上で一番の脳を持つヒトは一番の睡眠を持つことが当たり前だと考えられてきた。その考え方はまちがいではないかもしれない。でも、一番筋肉量が多い動物が一番速いだろうか、一番強いだろうか。その可能性はあるとしても、単純に関連づけてしまう危険性を研究者は避けなければならない。まして、われわれの脳は、大きさではほ乳類の一番ではないし、ごく近縁のネアンデルタール人よりも小さい。だからと言って、我々よりネアンデルタール人がより〝一番〟な眠りを持っていたとは考えないだろう。何が言いたいのかというと、眠りもそれぞれの動物種の神経系の特性とその必要性に応じて進化し適応してきたということだ。ほ乳類は、大脳皮質の発達に伴って、徐波成分の強い睡眠脳波を持つようになり、その中でも大脳皮質が発達したヒトは長いノンレム睡眠とレム睡眠を備えるようになった。同様に、鳥類、は虫類、魚類、あるいは巨大脳を持つ頭足類、微小脳を持つ昆虫類、それぞれが必要な眠りを持っているのが当たり前で、一番も二番もない。さらには、線虫やクラゲ、ヒドラまで眠りを持つ（らしい）ことが明らかになってきた。まさに眠りの国は、満員御礼・千客万来。そんな眠りの国を全5章でお楽しみいただきたい。

第1章は「旅立ちのグッドナイト」。グッドナイト、で始まった本書の第1章は、眠りの世界へ入ってしまった筆者から、アリストテレスからナマケモノまで縦横無尽に眠りのトピックスを浴びせられる。読者のみなさんは、眠りの広さと深さにますます興味を持って、読み進めてもらえるだろう。「眠りの国へ」向けて、エキスの詰まった旅立ちの章である。

第2章は「眠りを見る目を練る――探求の歴史と成果」。脊椎動物の脳の発達や、神経伝達物質の話など、それぞれが十分1冊の本に匹敵する内容を扱っている。少々難解な部分もあると思うが、毎日行っているきわめて身近なはずの〝眠り〟について、地道な研究の積み重ねでようやくこれだけのことがわかってきたことをご理解いただけたらうれしい。願わくは、スマートフォンを片手に検索しつつ専門用語の理解を深めていただくことで、より深くわれわれの眠りを練って眠っていただけるだろう。

第3章は「寝落ちしかねず鳥にしあらねば」。この章題は、「(私たちは)寝落ちできない、鳥ではないのだから」と理解した。鳥だったら寝落ちしてもいいし、さらには状況によっては半球睡眠もできる。と、鳥を羨ましがる気持ちだ。寝落ちは、起きている必要がある(たとえば、見たいテレビや締め切りの近い原稿があるなど)からがんばって起きているのに、眠気に耐えきれず寝落ちてしまう現象。……このように理解してきたが、学生と話をしているとどうも「寝落ち」の理解にすれ違いがあるようだ。惰性のようにスマートフォンで動画を見ていて(したがって、覚醒維持のためにがんばらない)、眠くなったら寝るのが寝落ち。スマートフォンを持たずにベッドに入るより、むしろ眠りに入るのは速い、とさえ言う。こうなると、従来型の「寝落ち」とは異なり、入眠儀式に類するものになっているとも考えることができる。睡眠は柔軟だ。社会や生活様式の変化に合わせて、睡眠の理解も変えていかなくてはならないと自省する。

第4章は「寝方と寝床のア・ラ・カルト」。本書の山場、まさにアラカルト的にてんこ盛りの眠りの話に加え、史上最強の丁寧な脚注も読み落とせない。1200万年前のタカアシガニの化石が飯田市(長野県)から出土しているという情報を「眠りの国」から得られるなんて……。本章最後に取り上げたカイメンは、いまのところ「眠りの国」に加わることができない動物だ。動物でありながら、神経を持たないとされており、ほぼ動くこともない。その動物としての奇妙なあり方に私の関心は向いている。

第5章は「これは眠りではない——閉じ込め症候群から冬眠まで」。「眠りの国」には、眠りではないものがあったようだ。通常の睡眠はよい内的環境(脳機能)維持のために行われ、冬眠や冬ごもりは、よい外的環境を待つために行われる。人々が夢見るコールドスリープも、何年か何千年か後の、ユートピア（外的環境）を期待してのこと。冬眠からの目覚めのスイッチは温度だが、コールドスリープから目覚めるスイッチは何だろうか。世界平和か、貧困根絶か、不老不死か、いずれにせよ相当高いハードルが求められそうだ。そうするとコールドスリープからは目覚める日は来ないのではないか、むしろ、ハッピーな夢を見続けたまま終わりを迎えられるドリームボックスが必要なのかもしれない。コールドスリープは、クマムシで有名な乾眠（クリプトビオシス）と同じだ。両方とも、液体の水を極力取り去ることで、代謝が起こらないように生体組織を〝維持・保存〟している。しかし、乾眠では〝元に戻らない〟、つまり生き返らないことがしばしばある。これは〝生・死〟を考える上でたいへん興味深い。なぜ戻らないのか、どの時点で死んだのか、どうすれば戻せるのか。妄想は尽きない。

睡眠研究は日々進展し、「眠りの国」の実態も徐々に明らかになりつつある。最新の研究成果の中には、眠りの国が眠りの国ではない可能性を示唆しており、興味深い。本書第3章では、睡眠のしくみを一般的には「シーソー」のように睡眠・覚醒のどちらかに傾いた状態として説明し、別の視点の関口の私見として、脳のあちこちで眠りが始まる「鍋底仮説」をあわせて紹介した。ところが、Türkerは2023年、ヒトは睡眠中（レム睡眠でもノンレム睡眠でも）に特定の言葉を理解し、適切な行動を行うことができたと報告している。たとえると、「ピザ」という単語を聞いたら笑うように覚醒時にトレーニングした被験者は、睡眠時も同じ反応をすることができるというものだ。このことは、睡眠時でも外部からの情報が完全に遮断されてはいないこと、つまり神経活動のみならず行動にもつなげることができるということを意味する。覚醒と睡眠とは、ますます（どっちか一方ではなく）〝連続したもの〟として理解できる可能性が高まってきた。それでも、「睡眠がだいじ」であることは、本書に関心を持たれる方はよくご理解いただけるはずだ。

私は、睡眠に関して文章を書く時は、常に「睡眠がだいじ」という姿勢を強く示してきた。第3章のタイトルの山上憶良の和歌にもつながるが、「逃げたくても逃げられない」環境に置かれることがだれにでもある。そのような環境・状況では、満足な眠りを得ることができるはずもなく、大脳が正常に機能できず、したがって正しい判断が困難になる。スペースシャトル「チャレンジャー号」の事故などを教訓に、〝重大事故〟の危機管理としての睡眠対策が重要視されるようになったことは評価されるべきだが、〝政治〟の危機管理としては、どうであろう。戦争・紛争地域の指導者が憔悴しきった表情でメディアに出てくることもあるが、疲労に加えての不眠（眠れない、あるいは眠っている場合じゃないという状況なのかもしれないが）では、判断力を鈍らせることに直結する。組織の高いレベル（政治・行政・会社など）が、正しくない判断をすることの怖さは、歴史的に世界のだれもが理解しているはずだ。危機的状況下でこそ「正しい判断」が必要になり、そのためには「十分な睡眠」が必要となる。「いかなる組織も、高度な判断を寝不足で行うことは認められない」、このようなことを国連憲章に盛り込める日は来ないだろうか、そして、動物の権利としても「いかなる動物も、安眠する権利を等しく持つ」だ。世界が、そしてすべての生きものが、少しでも平和に、よりよく過ごせることを夢見ている。

日曜日、遅い時間の東京行き新幹線で本書の監修作業とこの原稿をしあげている。まわりは行楽に疲れたファミリーや明日からの単身赴任生活に戻るビジネスパーソン。みな、一時の眠りで、いくばくかの英気を取り戻そうとしている。みな、眠いのだ、眠りたいのだ。眠ることが害とされる悪夢のような時代は終わった。「24時間戦えますか〜♪」なんてイマドキ言えないし、そもそもマトモに働けるはずがないことが睡眠研究から明らかになり、また社会的に受け入れられるようになった。そう、眠りの国は、次の活動のためにある。それがおわかりいただけたなら、私からはグッドナイト!!

最後に。本書著者の森由民さん、緑書房で編集を担当いただいた出川藍子さん、駒田英子さん、監修者としてお選びいただきありがとうございます。森さんのお書きになる文章は、広い見識と深い洞察と軽い冗句がちりばめられており、楽しみながら監修することができました。特に私は浅学である詩歌や音楽の分野は、調べ物をしながら興味深く進めてきました。すてきな経験をありがとう!

参考文献

第1章

- 筑波大学成果情報「起きていた時間を測る神経細胞の発見―寝ないと眠くなる仕組みの一端を解明―」国立研究開発法人日本医療研究開発機構
https://www.amed.go.jp/news/seika/kenkyu/20220617-02.html
- ナショナルジオグラフィック 編『なぜ眠るのか 現代人のための最新睡眠学入門』日経ナショナルジオグラフィック 2021

第2章

- 内山真『睡眠のはなし 快眠のためのヒント』中央公論新社 2014
- 岡村均『時計遺伝子 からだの中の「時間」の正体』講談社 2022
- 沖縄科学技術大学院大学、東邦大学プレスリリース「脊椎動物門、新たな創設」
https://www.oist.jp/sites/default/files/img/press-releases/20140917_satoh-vertebrata/Press%20Release_Vertebrata_Japanese_fin.pdf
- 川上研究室・発生遺伝学研究室「魚で見つかったレム睡眠とノンレム睡眠」大学共同利用機関法人 情報・システム研究機構 国立遺伝学研究所
https://www.nig.ac.jp/nig/ja/2019/09/research-highlights_ja/rh20190711.html
- 倉谷滋『新版 動物進化形態学』東京大学出版会 2017
- 黒川信「海の生物多様性」首都大学東京 未来社会 2020 伊豆大島プロジェクト
https://mirai.cpark.tmu.ac.jp/mirai/ja/achiv/dat_seavariation.html
- 櫻井武『睡眠の科学 改訂新版 なぜ眠るのか なぜ目覚めるのか』講談社 2017
- 土屋健 著、田中源吾 協力『カラー図解 古生物たちのふしぎな世界 繁栄と絶滅の古生代3億年史』講談社 2017
- 日本経済新聞「免疫力を左右 白い血液『リンパ』はどこで生まれる？ リンパの正体」
https://www.nikkei.com/nstyle-article/DGXNZO64779350R31C13A2000000/
- マット・ウィルキンソン 著、神奈川夏子 訳『脚・ひれ・翼はなぜ進化したのか 生き物の「動き」と「形」の40億年』草思社 2019
- 三浦慎悟 監修『徹底図解 動物の世界』新星出版社 2011
- 宮本教生「私たちの起源は？ 海底に潜むムシから探る脊索動物の起源」JT生命誌研究館
https://www.brh.co.jp/publication/journal/083/research_1
- リンパ管疾患情報ステーション「リンパ管とは？」
https://www.lymphangioma.net/doc1_2.html
- 渡辺茂『あなたの中の動物たち ようこそ比較認知科学の世界へ』教育評論社 2020
- 渡辺茂『鳥脳力 小さな頭に秘められた驚異の能力』化学同人 2022
- 渡辺茂、小嶋祥三『脳科学と心の進化』岩波書店 2007
- FNNプライムオンライン「『これは爆睡してます』ヘビは目を開けたまま寝る!? 話題の投稿を専門家にも聞いてみた」https://www.fnn.jp/articles/-/24991

● Nature Japan「発生：椎骨の数が決まる仕組み」
https://www.natureasia.com/ja-jp/nature/highlights/19814
● Tononi G, Cirelli C「眠りが刈り込む余計な記憶」日経サイエンス . 2013;43(11):36-42.

第3章

● 阿部和穂「視神経の半交叉・視覚伝導路の仕組みをわかりやすく解説」All About 健康・医療 https://allabout.co.jp/gm/gc/491828/
● 井上昌次郎『動物たちはなぜ眠るのか』丸善 1996
● 櫻井武『睡眠の科学 改訂新版 なぜ眠るのか なぜ目覚めるのか』講談社 2017
● 篠原正典『わたしのイルカ研究』さ・え・ら書房 2003
● 関口雄祐『眠れなくなるほどおもしろい睡眠の話』洋泉社 2016
● 関口雄祐『眠れる美しい生き物』エクスナレッジ 2019
● 村山司『イルカと話したい』新日本出版社 2016
● Oleksenko AI, Mukhametov LM, Polyakova IG, et al. Unihemispheric sleep deprivation in bottlenose dolphins. J Sleep Res. 1992;1(1):40-44.

第4章

● 犬塚則久「海牛とクジラの話」Journal of Fossil Research. 2016;49(2):63-71.
● 井上昌次郎「脳と睡眠―眠りはどのように発達したか―」Animal Nursing. 2002;7:3-10.
● 浦島匡「うさぎの濃いおっぱい」うさぎタイムズ
https://www.ferret-link.com/usagitimes/milk/
● エレファント・トーク 動物コンサルタントユニット「No.135 アナグマ おもしろ哺乳動物大百科 83 食肉目イタチ科」https://www.elephanttalk.jp/site/pet-column/1449.html
● 大石航樹 著、ナゾロジー編集部 編「『ニホンオオカミ』がイヌに最も近い種と判明！」ナゾロジー https://nazology.net/archives/98638
● 大倉康弘 著、やまがしゅんいち 編「なぜ寝ている鳥は枝から落ちないのか？ 鳥類の足の爪に秘密があった」ナゾロジー https://nazology.net/archives/78826
● 岡田美也子「『舌切り雀』とその周辺―児童文学の素材へのアプローチ―」千葉敬愛短期大学紀要 . 1997;(19):13-28.
● 斧原孝守「チベットの『おむすびころりん』」口承文芸研究 . 2003;(26):78-88.
● 海沼賢 著、やまがしゅんいち 編「視覚が極端に発達した白亜紀の奇妙なカニの生態」ナゾロジー https://nazology.net/archives/102892
● 金森朝子『野生のオランウータンを追いかけて マレーシアに生きる世界最大の樹上生活者』東海大学出版会 2013
● カール・ジンマー、ダグラス・J・エムレン 著、更科功、石川牧子、国友良樹 訳『カラー図解 進化の教科書 第1巻 進化の歴史』講談社 2016

- 川村軍蔵、信時一夫、安樂和彦ほか「色弁別学習を用いたスナダコとマダコの色覚比較」日本水産学会誌 . 2001;67(1):35-39.
- 菊水健史、永澤美保、外池亜紀子ほか『日本の犬 人とともに生きる』東京大学出版会 2015
- 京都大学プレスリリース「人類が地上に降りた理由、森の気温と季節の出現によるものか —チンパンジー、ボノボの生活様式から仮説を提示—」https://www.kyoto-u.ac.jp/ja/research-news/2017-07-19
- 久世濃子『オランウータンってどんな「ヒト」？』朝日学生新聞社 2013
- 黒川信「アメフラシ鰓引き込め反射の神経機構」比較生理生化学 . 2002;19(3):203-209.
- 黒川信「海の動物から神経・脳の発達を考える」首都大学東京 未来社会 2020 伊豆大島プロジェクト https://mirai.cpark.tmu.ac.jp/mirai/ja/achiv/dat_seabrain.html
- 近藤滋、船山典子「工務店細胞が『建設』する深海のスカイツリー」細胞工学 . 2015;34(11):1096-1103.
- 斉藤勝司「わかる科学 暗闇の深海を照らす光の素はクシクラゲが作り出していた」つくばサイエンスニュース http://bit.ly/46Aji4m
- 齊藤美和「夏の夜の過ごしかた、サバンナエリアの動物たち」東京ズーネット https://www.tokyo-zoo.net/topic/topics_detail?kind=news&inst=tama&link_num=26376
- 座馬耕一郎『チンパンジーは 365 日ベッドを作る 眠りの人類進化論』ポプラ社 2016
- ジェレミー・デシルヴァ 著、赤根洋子 訳『直立二足歩行の人類史 人間を生き残らせた出来の悪い足』文藝春秋 2022
- 滋野修一、野村真、村上安則 編著『遺伝子から解き明かす脳の不思議な世界 進化する生命の中枢の 5 億年』一色出版 2020
- 島田祥輔 著、櫻井武 監修「ここまでわかった睡眠の謎 最良の睡眠」Newton. 2023;43(4):12-41.
- 鈴木晃『オランウータンの不思議社会』岩波書店 2003
- ダニエル・エレンビ「タコの腕には脳がある？ 8 本の腕を動かすタコの謎に研究者たちが迫る」沖縄科学技術大学院大学 https://www.oist.jp/ja/news-center/news/2020/10/29/do-octopuses-arms-have-mind-their-own
- 筑波大学下田臨海実験センターマリンゲノム研究室 発生遺伝学グループ 笹倉研究室「ホヤとセルロース」https://www.shimoda.tsukuba.ac.jp/~sasakura/research_cellulose.html
- 東京シネマ新社 製作、NPO 法人科学映像館 チャンネル「淡水海綿 多細胞動物の始まりを生きる 東京シネマ新社製作」https://youtu.be/sQ7tx14TGz4
- どうぶつ奇想天外・WakuWaku【TBS 公式】チャンネル「【サバンナ最強のハンター】マサイの飼う牛を肉食動物たちが襲わない理由とは？ チーター vs トムソンガゼルの命の駆け引き（羽仁進のマザーアフリカ⑩）【どうぶつ奇想天外／ WAKUWAKU】」

https://youtu.be/Ohcowc3CpIE?t=243
- ナショジオ オープンキャンパス ココリコ田中の生きものこれ知ってた？「第4回 コウテイペンギンの子育て」ナショナルジオグラフィック日本版サイト
https://natgeotv.jp/special-contents/opencampus/column04.html
- ナショナルジオグラフィック日本版サイト「動物大図鑑 コウテイペンギン」
https://natgeo.nikkeibp.co.jp/nng/article/20141218/428959/
- ナショナルジオグラフィック日本版サイト「動物大図鑑 マナティー」
https://natgeo.nikkeibp.co.jp/nng/article/20141218/428907/
- 長谷川政美「進化の歴史—時間と空間が織りなす生き物のタペストリー 第29話 生命の誕生」科学バー https://kagakubar.com/evolution/29.html
- 林良博、森裕司、奥野卓司ほか 編著『ヒトと動物の関係学 第3巻 ペットと社会』岩波書店 2008
- ヒューマニエンス 40億年のたくらみ「“肛門”ヒトが隠した羞恥の穴」日本放送協会
https://www.nhk-ondemand.jp/goods/G2022124012SA000/
- 福山大学学長室ブログ「【生物工学科】アザラシ・アシカ・セイウチの進化に新知見！」
https://www.fukuyama-u.ac.jp/blog/28946/
- 船山典子「動物の多細胞化を知る手がかり カイメンの幹細胞から見る多細胞化の始まり」JT生命誌研究館 https://www.brh.co.jp/publication/journal/070/research_1
- 古市剛史『あなたはボノボ、それともチンパンジー？』朝日新聞出版 2013
- ヘレン・スケールズ 著、林裕美子 訳『魚の自然誌 光で交信する魚、狩りと体色変化、フグ毒とゾンビ伝説』築地書館 2020
- 北海道大学プレスリリース「イワナは泳ぐ前にあくびをする～世界で初めて魚類の状態変化仮説を実証～」https://www.hokudai.ac.jp/news/pdf/230118_pr.pdf
- マイケル・フィンケル「2009年12月号 特集 ハッザ族 太古の暮らしを守る」ナショナルジオグラフィック日本版サイト
https://natgeo.nikkeibp.co.jp/nng/magazine/0912/feature05/index.shtml
- 三上修『スズメ つかず・はなれず・二千年』岩波書店 2013
- 盛岡市動物公園ZOOMO「ニホンアナグマ」https://zoomo.co.jp/animals/j-badger/
- ヤクルト中央研究所「脳腸相関①：序章（ストレス社会の健康テーマ、脳腸相関）」
https://institute.yakult.co.jp/feature/008/intro.php
- 山岸哲、宮澤豊穂『日本書紀の鳥』京都大学学術出版会 2022
- 山極寿一『ゴリラ 第2版』東京大学出版会 2015
- 山極寿一「霊長類の眠り—定点の眠りから移動の眠り」、吉田集而 編『眠りの文化論』平凡社 2001
- ロイター「39億年前の岩石から最古の生命痕跡、東大准教授ら発表」
https://jp.reuters.com/article/oldest-evidence-of-life-idJPKCN1C302T

- 渡辺茂『鳥脳力 小さな頭に秘められた驚異の能力』化学同人 2022
- Baross JA 著、藤野正美 訳「岩石と熱水によるアミノ酸合成」Nature Japan https://go.nature.com/3sRvUX5
- e- ヘルスネット「ノンレム睡眠」厚生労働省 https://www.e-healthnet.mhlw.go.jp/information/dictionary/heart/yk-048.html
- GIGAZINE「タコが寝ながら体色を変化させるのは『夢を見ているから』かもしれない」 https://gigazine.net/news/20190930-sleeping-octopus-color-change/
- Nature on PBS チャンネル「Octopus Dreaming」https://youtu.be/0vKCLJZbytU
- Rattenborg NC, Ungurean G. The evolution and diversification of sleep. Trends Ecol Evol. 2023;38(2):156-170.

第5章

- 上馬康生「白山の自然誌 32 ツキノワグマの生態」石川県白山自然保護センター https://www.pref.ishikawa.lg.jp/hakusan/publish/sizen/documents/sizen32.pdf
- 上野将敬、山田一憲、中道正之「ニホンザルメスのサル団子形成における毛づくろいの役割」日本心理学会大会発表論文集 . 2013;77:928.
- 内城喜貴「理研など、人工冬眠の医療応用に向けマウスで成果 心臓手術時に腎臓への負担を軽減」Science Portal https://scienceportal.jst.go.jp/gateway/clip/20221207_g01/
- 浦島匡、並木美砂子、福田健二『おっぱいの進化史』技術評論社 2017
- 大井徹『ツキノワグマ クマと森の生物学』東海大学出版会 2009
- 大和田哲男「細胞の損傷を抑えた冷凍法とは？ 医療分野でも活用される冷凍技術」農林水産省　https://www.maff.go.jp/j/pr/aff/2107/spe1_03.html
- 樺沢紫苑「6 時間睡眠の人は、『酔っ払い状態』で仕事しているのと同じだった !?」LEON レオン オフィシャル Web サイト https://www.leon.jp/lifestyle/69878
- 北里大学分子生物学講座「研究概要」 https://www.kitasato-u.ac.jp/sci/resea/seibutsu/joho/researchoutline.html
- 北村昌陽「人間も冬眠？ 実現すれば究極のアンチエイジング法に」日経 Gooday https://gooday.nikkei.co.jp/atcl/report/14/091100018/012000033/
- 京都大学プレスリリース「優位な猿は多くの『暖』を得ることを解明―ニホンザルのオスにおける優劣順位に応じた猿団子内位置および接触個体数―」 https://www.kyoto-u.ac.jp/ja/research-news/2021-02-05
- 近藤宣昭『冬眠の謎を解く』岩波書店 2010
- 埼玉県狭山市公式ウェブサイト「狭山市の災害記録（平成 21 年～現在）」 https://www.city.sayama.saitama.jp/kurashi/anshin/bosai/bousaihazard/sinsaikiroku.files/saigaikiroku21karagenzai2.pdf
- 東京大学大学院理学系研究科生物科学専攻細胞生理化学研究室くまむし研究グループ「研

究内容」https://www.bs.s.u-tokyo.ac.jp/~saibou/kuma/research/research.html
- 萩原まみ「ムーミンはカバじゃない！ じゃあ何？」ムーミン公式サイト https://www.moomin.co.jp/news/blogs/47048
- 長谷川政美「進化の目で見る生き物たち 第１話 コウモリの自然史」科学バー https://kagakubar.com/creature/01.html
- みんなのための臓器移植 キッズサイト「脳死と植物状態の違い」日本臓器移植ネットワーク https://www.jotnw.or.jp/kids/basic/brain_heart02.html
- 持田浩治「霊長類の睡眠」モチダコウジ〴ウェブサイト https://bit.ly/3GomDsF
- リケラボ「不死身クラゲの『若返り』を可能にする遺伝子の秘密を発見！」 https://www.rikelab.jp/post/4738.html
- 和田一雄『サルはどのように冬を越すか 野生ニホンザルの生態と保護』農山漁村文化協会 1994
- GIGAZINE「画像生成 AI『Stable Diffusion』で fMRI による脳活動のデータから画像を生成する研究を阪大の研究者が発表」 https://gigazine.net/news/20230307-stable-diffusion-human-brain/
- Guinness World Records「Most southerly primate」 https://www.guinnessworldrecords.com/world-records/83457-most-southerly-primate
- Maiese K「植物状態」MSD マニュアル家庭版 https://msdmnls.co/3t1fifl

※ここに挙げたもの以外にも多数の文献や資料などを参考にしました。

著者

森　由民（もり ゆうみん）

動物園ライター

1963年神奈川県生まれ。千葉大学理学部生物学科卒業。各地の動物園・水族館を取材し、書籍などを執筆するとともに、主に映画・小説を対象に動物観に関する批評も行っている。専門学校などで動物園論の講師も務める。

著書に『動物園のひみつ』（執筆／PHP研究所）、『約束しよう、キリンのリンリン いのちを守るハズバンダリー・トレーニング』（執筆／フレーベル館）、『春・夏・秋・冬 どうぶつえん』（著者、イラスト サクマユウコ／東洋館出版社）、『ウソをつく生きものたち』（執筆／緑書房）など。

監修者

関口雄祐（せきぐち ゆうすけ）

博士（理学）、千葉商科大学教授、東京農業大学客員教授

専門は動物行動学、行動生理学。1973年千葉県生まれ。東京工業大学生命理工学部卒業、同大学院修了。豊橋技術科学大学、東京医科歯科大学での研究員生活を経て、2008年に千葉商科大学着任（専任講師、准教授を経て現職）。「睡眠のはなし」は、保育園から東大まで、どこで講演してもたくさん質問をもらえるので、社会的にも個人的にも関心の高さを実感している。

著書に『眠れる美しい生き物』（執筆／エクスナレッジ）、『眠れなくなるほどおもしろい睡眠の話』（執筆／洋泉社）、『海棲哺乳類大全 彼らの体と生き方に迫る』（分担執筆／緑書房）、『調べてみよう！ 生きもののふしぎ イルカのねむり方』（監修／金の星社）、『イルカを食べちゃダメですか？ 科学者の追い込み漁体験記』（執筆／光文社）など。

写真協力

旭川市旭山動物園（図4-2）

東武動物公園（図2-1）

生きものたちの眠りの国へ

Midori Shobo Co.,Ltd

2023年12月30日　第1刷発行

著　　者…………………………森　由民
監 修 者…………………………関口雄祐
発 行 者…………………………森田浩平
発 行 所…………………………株式会社 緑書房
〒103-0004
東京都中央区東日本橋3丁目4番14号
TEL　03-6833-0560
https://www.midorishobo.co.jp

編　　集…………………………駒田英子、池田俊之
イラスト…………………………sirokumao
組　　版…………………………泉沢弘介
印 刷 所…………………………図書印刷

ISBN978-4-89531-935-5　Printed in Japan

落丁、乱丁本は弊社送料負担にてお取り替えいたします。